Die
Hilfsmittel und Grundlagen
des präparativ-chemischen und analytisch-chemischen Arbeitens

von

Dr. Joseph Klein

Mit 11 Figuren im Text

Berlin und Leipzig 1921

Vereinigung wissenschaftlicher Verleger
Walter de Gruyter & Co.
vormals G. J. Göschen'sche Verlagshandlung :: J. Guttentag, Verlagsbuchhandlung :: Georg Reimer :: Karl J. Trübner :: Veit & Comp.

Druck von Metzger & Wittig in Leipzig

Vorwort.

Das vorliegende Werkchen soll eine Art Nachschlagebuch zur Einführung in das tiefere Verständnis für das präparativ-chemische und analytisch-chemische Arbeiten sein. Es befaßt sich darum sowohl mit der Erklärung der alltäglich sich wiederholenden, gar zu häufig mechanisch ausgeführten Operationen und der Besprechung der Wege und Ziele der Analyse wie auch mit der Besprechung der Eigenschaftsbestimmungen, soweit sie im präparativen und analytischen Arbeiten in den Vordergrund treten. Um das Werkchen für alle brauchbar zu machen, die sich mit Chemie befassen und das tiefere Verständnis für das umschriebene Arbeitsfeld suchen, wurden in der Einleitung die wichtigsten Gerätschaften und das Maß- und Gewichtssystem und in der Allgemeinen Chemie unsere Vorstellung von der Materie, wie wir sie in der chemischen Schreibweise und im stöchiometrischen Rechnen zum Ausdruck bringen, erörtert. Durch die wiederholten Hinweise auf die Unfallverhütungsvorschriften der Berufsgenossenschaft der chemischen Industrie, die überall beachtenswert sind, wird die Brauchbarkeit des Werkchens erhöht.

Mannheim, Mai 1921.

Dr. Joseph Klein.

Inhalt.

Die Eigenschaften der Körper.

Arbeitsmethoden.

Analytische Methoden.

Einleitung.

Die chemischen Gerätschaften.

Bei der großen Zahl der chemischen Gerätschaften (Apparate und sonstigen Gebrauchsgegenstände), die allen möglichen Zwecken dienen, kann nur eine Übersicht über diejenigen gegeben werden, die sich als notwendige Bestandteile in jedem Laboratorium vorfinden.

Heizvorrichtungen. Der einfachste Heizapparat ist der Bunsensche Brenner, mit dem durch die an den unteren Öffnungen eintretende Luft eine vollständige Verbrennung des Leuchtgases erzielt wird. Dadurch ist die Flamme nichtleuchtend geworden, und andererseits hat sie eine bedeutend höhere Temperatur erhalten. An dem Brenner ist eine Schiebereinrichtung angebracht, um den Luftstrom zu regulieren. Ist dieser zu groß bei einem zu geringen Gasstrom, so schlägt die Flamme zurück und das Gas brennt in der Lampe. Meist kann man diesen Fehler dadurch beseitigen, daß man die Gasausströmungsöffnung ausputzt. Neben einfachen Brennern sind mehrfache, z. B. Dreibrenner, im Gebrauch; auch sind die Brenner in vielfacher Abänderung konstruiert. Große Gefäße werden mit Gasöfen geheizt.

Eine beliebte und oft auch die allein mögliche Art des Heizens ist die indirekte, weil sie eine Temperaturregulierung zuläßt. Man bedient sich dabei eines geeigneten Mediums als sog. Bad, das von der Wärmequelle direkt erhitzt wird und die Wärme auf die zu erhitzenden Stoffe, die in besonderen Gefäßen in das Bad eingestellt sind, überträgt. Als Wärme übertragendes Medium dient das Wasser, der Dampf, die Luft, Öl, Sand usw., und danach unterscheidet man Wasserbad, Dampfbad, Luftbad, Ölbad usw. Das Wasserbad und Dampfbad benutzt man zur Erzielung von Temperaturen, die in der Nähe des Siedepunktes des Wassers liegen (95—97°), das Ölbad zur Erzielung von Temperaturen bis zu etwa 300°, das Luftbad (und auch das Wasserbad) zur Erzielung von Temperaturen unter 100°, das Sandbad zur Erzielung von niederen und hohen Temperaturen. Ist das Medium brennbar, z. B. Öl (Leinöl, welches meist für Ölbäder gebraucht wird) oder Paraffin, so ist über 200° Vorsicht notwendig, damit keine Entzündung eintritt. Zur Erzielung von Temperaturen kurz über 100° sind vorteilhaft kochende konzentrierte Salzlösungen, insbesondere Kochsalzlösung, die bei 106° siedet; hierbei muß das Wasser in dem Maße beständig ersetzt werden, als es verdunstet; die höchste Temperatur erzielt man mit geschmolzenem Chlorzink (700°). Als Gefäß für Flüssigkeitsbäder mit solch indifferentem Inhalt wie Wasser, Öl, Sand, Paraffin kann jeder genügend große Metallkessel dienen. — Eine bequeme Form des Luftbades für Rundkolben ist von Junghahn eingeführt worden. Es ist eine mit Asbest bekleidete, oben offene, am Boden mit einer überdachten Öffnung versehene Eisenröhre. Aus Löchern an der Seite des Randes entweicht die heiße Luft, während unter der Bodenöffnung die brennende Lampe steht; auf das offene obere Ende wird der Kolben gestellt. — Ein Luftbad ist immer vorhanden, wenn zwischen dem zu erhitzenden Gefäß und der Lampe sich eine Luftschicht befindet. — Zu den Luftbädern gehören auch die Trockenschränke.

In Betrieben, in denen der Dampf in einer Zentrale (Kesselhause) erzeugt und von dieser an die Verbrauchsstelle weiter geleitet wird, dient als Wärmequelle für

Destillationen, heiße Extraktionen usw. strömender Dampf, welcher zwischen den doppelten Böden oder auch den doppelten Wandungen, mit denen die Apparate versehen sind, hindurchströmt und nach Bedarf höher gespannt werden kann. Für derartige Apparate gelten neben etwa bestehenden landespolizeilichen Vorschriften die Unfallverhütungsvorschriften der chemischen Industrie.

Dreifüße sind aus drei eisernen Beinen mit Hilfe eines Ringes zusammengehaltene Geräte, die als Gestelle für Gefäße dienen, die mit der Lampe erhitzt werden sollen. Zum Erhitzen von kleineren Tiegeln, für die der Ring zu groß wäre, legt man auf den Dreifuß noch ein Drahtdreieck von passender Größe, dessen Seiten von Pfeifenrohr umgeben sind. Durch dieses letztere wird ein Verbiegen des Drahtes, der in der Glühhitze erweicht, und, wenn es sich um das Erhitzen von Platingefäßen handelt, gleichzeitig eine Schädigung des Gefäßes (infolge sonst stattfindender Legierung des Platins mit dem Eisen) verhindert. Glasgefäße (Bechergläser, Kolben) erhitzt man auf dem Dreifuß in der Art, daß man auf diesen zunächst ein Eisen- oder Messingdrahtnetz oder eine Asbestplatte auflegt.

Stative heißen die Gestelle, an denen und mit denen die Apparate aufgebaut werden. In der einfachsten Art bestehen sie aus einer Eisenstange, die auf drei Füßen oder auf einer Eisenplatte aufgerichtet ist. An dem Stativ werden zum Festhalten der Apparate Ringe, Klammern, Lampenträger und anderes Gerät angebracht, das sich mit dem Stativ teils direkt, teils mit Hilfe von Muffen verschrauben läßt. Zu den Stativen im weiteren Sinne kann man noch vieles zählen, das zum Tragen und Festhalten der Apparate dient und besonders benannt wird z. B. Tischchen mit verstellbaren Platten, verstellbaren, eisernen und hölzernen Röhrenhaltern usw. Die Preislisten über Laboratoriumsutensilien geben über alles dieses die beste Auskunft.

Porzellanschalen dienen zum Erhitzen und Abdampfen von Flüssigkeiten, zur Bereitung von Lösungen, zum Schmelzen leicht schmelzender Substanzen, zum Trocknen von Extrakten usw.; sie haben entweder die Gestalt eines Kugelabschnitts und dann einen gewölbten Boden oder sie haben senkrechte Seitenwände und einen flachen Boden; alle besitzen einen Ausguß; bei den großen Schalen befindet sich am Rande meist ein Verstärkungsring. Die Maße der Schalen werden durch ihren oberen Durchmesser ausgedrückt. Um den gewölbten Schalen beim Beiseitestellen Festigkeit zu geben, stellt man sie auf Strohkränzen oder Korkringen auf; die gewölbten Schalen können bei einiger Vorsicht auf der direkten Flamme erhitzt werden; vorteilhaft legt man aber ein Drahtnetz unter, oder man erhitzt sie auf einem Luftbade. Die einfachste Art eines solchen ist die, daß man auf die Lampe zunächst eine eiserne Schale, die stärker gewölbt ist als die Porzellanschale, stellt und auf diese die Porzellanschale. Angenehm im Gebrauch sind die Asbestluftbäder (S. 2).

Porzellantiegel dienen zum Glühen, Veraschen und Schmelzen von Substanzen; zu ihnen gibt es passende Deckel, deren Rand wenig über den Tiegelrand übergreift. Die Maße der Tiegel werden durch ihre Höhe, durch ihren oberen Durchmesser und durch ihren Rauminhalt angegeben. Über das Erhitzen der Tiegel auf der Flamme s. Dreifüße. Heiße Tiegel oder gar glühende werden mit einer passenden Zange angefaßt. Diese Tiegelzangen sind aus Eisen oder Messing angefertigt und mitunter vernickelt und sollen, damit der Tiegel beim Anfassen nicht springt, vor dem Gebrauche am vorderen Ende zuerst vorgewärmt werden. Die Ausweitung am kürzeren Hebelarm dient dazu, den Tiegel aufzuheben, wenn man ihn mit der Spitze der Zange nicht fassen will.

Glasgefäße. Die Stehkolben (Kochflaschen) mit kugelförmigem Bauche und flachem Boden, die Rundkolben mit rundem Boden, die Erlenmeyerschen

Kolben mit flachem Boden und schrägen Wänden und die Bechergläser von der Form eines Bechers mit und ohne Ausguß können auf dem Drahtnetze (s. Dreifüße) und bei einiger Vorsicht auf der freien Flamme erhitzt werden. Sie sind in verschiedenen Formen und aus verschiedenen Glassorten (böhmischem Glase, Jenaer Glas usw.) angefertigt und werden zur Bereitung von Lösungen, zum Erhitzen von Flüssigkeiten, zur Erzeugung von Niederschlägen (Bechergläser, Erlenmeyersche Kolben) usw. benutzt. Für besondere Zwecke (Verdunsten von Flüssigkeiten) sind die sog. Kristallisationsschalen mit flachem Boden und Glasschalen mit gewölbtem Boden im Gebrauch, ferner graduierte, d. h. nach dem Rauminhalt abgeteilte und nicht graduierte Glaszylinder mit Fuß, Kelchgläser mit Fuß und zum Aufbewahren von Substanzen Flüssigkeitsflaschen und Pulvergläser. Über die Glasgefäße zu maßanalytischen Arbeiten s. bei Maßanalyse, über andere Glasgefäße, z. B. Wägegläschen, an anderer Stelle.

Reagenzröhren (Reagierzylinder, Probierröhren) sind Röhren aus dünnem Glase mit einem zugeschmolzenen Ende; das offene Ende hat einen wenig nach außen gebogenen Rand. In ihrer gebräuchlichen Form haben sie eine Weite von 15—20 mm und eine Länge von ungefähr 18 cm. Sie dienen ausschließlich zu analytischen Beobachtungen und können auf der freien Flamme erhitzt werden. Bei der Benutzung werden sie am oberen Teile angefaßt; um (bei längerem Erhitzen) die Finger nicht zu verbrennen, spannt man sie beim Gebrauch in einen Röhrenhalter oder in ein Band aus zusammengefaltetem Papier ein. Die Reagenzröhren gehören zu den unentbehrlichsten Utensilien. — Die eigenartige Form des Reagenzrohrs verlangt das Vorhandensein eines besondern Fußes oder eines besondern Gestells zum Abstellen des Rohrs. Die Füße sind gewöhnlich aus Eisenblech, die Gestelle aus Holz angefertigt. Häufig sind die Gestelle noch mit Zapfen versehen, auf die die reinen Röhren umgestülpt untergebracht werden.

Glasröhren und Glasstäbe werden in verschiedener Weite beziehungsweise in verschiedener Dicke vorrätig gehalten. Die gewöhnliche Länge, in der sie die Fabriken liefern, ist etwa $1^1/_2$ bis 2 Meter; von diesen werden nach Bedarf die kleineren Röhren und Stäbe abgebrochen (s. u.). Die Glasröhren sind für die gewöhnlichen Zwecke aus leicht schmelzbarem (Natron-) Glase, für Arbeiten bei hohen Temperaturen (z. B. Verbrennungsanalysen) aus schwer schmelzbarem (Kali- oder böhmischem) Glase angefertigt. Lange Röhren und Stäbe bewahrt man wie die Fensterscheiben stehend auf, da sie sich so besser aussuchen lassen.

Das Abbrechen der Röhren und Stäbe geschieht unter Benutzung einer dreikantigen Feile oder eines Glasmessers. Mit diesen macht man an der Stelle, wo gebrochen werden soll, einen scharfen Schnitt um etwa den dritten Teil des Umfangs, faßt Röhre oder Stab mit beiden Händen in der Nähe der Schnittstelle und biegt sie nach unten, wobei das Stück abbricht. Das Absprengen kleinerer Stücke geschieht, indem man zunächst einen kurzen Feilenstrich an der Sprengstelle macht und von dieser aus einen glühenden spitzen Glasstab oder glühende Sprengkohle um das Rohr oder den Stab herumführt.

Das Glas. Das Glas ist in der Hauptsache ein Gemenge von kieselsaurem Calcium mit kieselsaurem Natrium (sog. Natronglas) oder Kalium (sog. Kaliglas); außer diesen finden sich in einzelnen Glassorten noch die kieselsauren Salze anderer Metalle, sowie als teilweiser Ersatz der kieselsauren Salze borsaure, phosphorsaure und fluorwasserstoffsaure Salze, wodurch dem Glas Sondereigenschaften gegeben worden sind. Beim Glas für chemische Gerätschaften unterscheidet man meist nur Kali- und Natronglas. Das letztere ist härter, aber leichter schmelzbar als das andere. Am Glase interessieren uns die Zersetzungen und Umwandlungen, die man beim Gebrauch als unangenehme Erscheinungen wahrnimmt. Schon reines Wasser greift auf die Dauer das Glas an, noch mehr alkalische

Flüssigkeiten, während saure Flüssigkeiten die geringste Einwirkung auf Glas zeigen. Neues (d. h. bisher ungebrauchtes) Glas gibt an Wasser mehr lösliche Substanz ab als altes; dabei wird Alkali aus der oberflächlichen Schicht weggenommen und durch die so entstandene alkalische Lösung Kieselsäure gelöst. Die Folge ist, daß sich an der Oberfläche eine dünne an Kieselsäure und Calciumoxyd reiche Schicht bildet, die die darunter liegende Glasmasse vor der weiteren Einwirkung des Wassers schützt. Den Prozeß kann man dadurch beschleunigen, daß man das Glas einige Zeit der Einwirkung von Wasserdämpfen aussetzt. Eines so veränderten Glases bedient man sich bei Arbeiten mit Wasser, bei denen ein Alkalizutritt zum Wasser unstatthaft ist. Bei hoher Temperatur und unter starkem Druck wird Glas durch Wasser vollständig zersetzt. Wie sehr Alkali auf Glas einwirkt, sieht man an den Gefäßen, in denen Kali- und Natronlauge aufbewahrt wird. Neben der Wasserwirkung treten bei chemischen Prozessen noch das Erblinden und Entglasen als unangenehme Eigenschaften in die Erscheinung. Das Mattwerden (Erblinden) des Glases erfolgt unter der Einwirkung der Kohlensäure der Luft und der am Glase stets haftenden Feuchtigkeit; doch soll nur Glas von unrichtiger Zusammensetzung diesen Nachteil haben. Das Entglasen beruht darauf, daß sich aus Glas, welches längere Zeit bis zum Erweichen erhitzt war, ein Teil der kieselsauren Salze kristallinisch ausscheidet. Beim raschen Abkühlen erweichten Glases nimmt die Sprödigkeit zu; dann ist es zerbrechlicher geworden. Um diese Veränderung beim Bearbeiten des Glases vor der Gebläselampe zu vermeiden, läßt man das erhitzte Glas allmählich erkalten, indem man es in eine rußende Flamme bringt, die eine niedrigere Temperatur als die nicht rußende hat.

Das absolute Gewicht und das Maßsystem.

Das absolute Gewicht ist ein Ausdruck für die Größe des Druckes, den ein Körper auf seine Unterlage ausübt. Je größer die Masse eines Körpers ist, um so größer ist auch sein Gewicht. Als Grundlage unseres Gewichts- und Maßsystems hat man den gleichen Wert genommen, ein Längenmaß, das von der Natur geboten wird. Dieser Wert ist der $^1/_{40}$ millionste Teil (in anderer Ausdrucksweise der $^1/_{10}$ millionste Teil des Quadranten) des Erdmeridians. Man nennt ihn das Meter (m). Durch dezimale Teilung des Meters ergeben sich das Dezimeter (dm), das Zentimeter (cm) und das Millimeter (mm), durch dezimale Vervielfältigung das Dekameter (dkm), das Hektometer (hm) und das Kilometer (km). Es ist

1 m = 10 dm = 100 cm = 1000 mm,
1 km = 10 dkm = 100 hm = 1000 m.

Durch Quadrierung der Längenmaße gelangen wir zu den Flächenmaßen, durch Kubierung der Längenmaße zu den Raum- oder Körpermaßen. In der Schrift wird das Flächenmaß durch das Längenmaß mit dem Vorzeichen q und das Raummaß durch das Längenmaß mit dem Vorzeichen cb ausgedrückt, z. B. Quadratkilometer = qkm, Quadratmeter = qm, Quadratmillimeter = qmm, Kubikmeter = cbm. 100 qm = 1 Ar (a), 100 Ar = 1 Hektar (ha), 1000 cbm = 1 Liter (l), 100 Liter = 1 Hektoliter (hl), 1000 l = 1 cbm.[1]

Das Gewicht eines cbcm Wasser von + 4° C, d. i.

---

[1] Die Vorsetzwörter für die größeren Werte Deka, Hekto, Kilo hat man der griechischen, die anderen Dezi, Zenti, Milli der lateinischen Sprache entnommen. — Da man bei Neumessungen des Erdmeridians jedesmal einen anderen Wert für das Meter findet, so hat man aus Zweckmäßigkeitsgründen ein Urmaß für das Meter (und das Kilogramm) aus Platin–Iridium angefertigt, das als Einheit dient und bei der Normaleichungskommission aufbewahrt ist.

bei seiner größten Dichtigkeit und unter dem Druck einer Atmosphäre gemessen, ist 1 Gramm (g). Durch dezimale Teilung und Vervielfältigung dieses für das Gewichtssystem als Einheit angenommenen Wertes kommen wir zum Dezigramm (dg), Zentigramm (cg), Milligramm (mg), Dekagramm (dkg) usw. Es ist

$$1 \text{ g} = 10 \text{ dg} = 100 \text{ cg} = 1000 \text{ mg},$$
$$1 \text{ kg} = 10 \text{ hg} = 100 \text{ dkg} = 1000 \text{ g}.$$

1000 kg nennt man 1 Tonne.

Neben den genannten Bezeichnungen ist im Maßsystem noch oft die Bezeichnung Schoppen = $^1/_2$ l und im Gewichtssystem die Bezeichnung Zentner und Pfund gebräuchlich. 1 Zentner = 100 Pfund = 50 kg. Um Zentner in Kilogramm umzurechnen, wird die Zahl mit 50 multipliziert, z. B. 100 Zentner = 5000 kg, und um Kilogramm in Zentner umzurechnen, umgekehrt die Kilogrammzahl durch 50 geteilt. Als kleinstes Maß gilt der Tropfen (s. Besondere Begriffsbestimmungen).

Da beim chemischen Arbeiten die Substanzmengen stets nach Gewichten angegeben werden, so sind hier Flüssigkeitsmaße nur in besonderen Fällen im Gebrauch. So z. B. wird der Rauminhalt größerer und kleinerer Gefäße stets nach Litern bzw. nach Kubikzentimetern angegeben. Eine dominierende Stellung nehmen die Maßgefäße in der quantitativen Analyse ein; den sich damit befassenden Teil der Analyse nennt man darum auch Maßanalyse (s. d.).

Über das Äußere der Gewichte unter 1 g ist zu sagen, daß diese Metallplättchen mit einer aufgebogenen Seite zum Anfassen sind; dabei haben die 0,1-, 0,01 und 0,001-Stücke die Form eines gleichseitigen Dreiecks, die 0,2-, 0,02 und 0,002-Stücke die Form eines regelmäßigen Vierecks und die 0,5-, 0,05 und 0,005-Stücke die Form eines regelmäßigen Sechsecks.

Alle im öffentlichen Verkehr gebrauchten Maße und Gewichte müssen geeicht sein, also das amtliche Kennzeichen tragen, daß sich die Abweichung zwischen dem Sollgewicht und dem wirklichen Gewicht innerhalb der in der Eichordnung zugelassenen Grenze bewegt. Die Analysengewichte, die solche Abweichungen nicht zeigen dürfen, werden nicht geeicht. Der Eichstempel ist ein bandförmiges Zeichen mit den Buchstaben D.R. Genauere Gewichte als die gewöhnlichen Handelsgewichte sind die für die Apotheken vorgeschriebenen; diese haben an Stelle des gewöhnlichen Eichstempels den Präzisionsstempel, der sich dadurch von dem ersteren unterscheidet, daß zwischen den Buchstaben D und R ein sechsstrahliger Stern angebracht ist. Die Gewichte erleiden durch Abnutzung eine Gewichtsabnahme, durch Oxydation und Verschmutzung eine Gewichtszunahme. Auf das Vorhandensein solcher Veränderungen ist stets zu achten und darum das Gewicht von Zeit zu Zeit mit einem genauen Gewicht zu kontrollieren. Doch muß dieses mit Gewichten geschehen, deren Abweichungen vom Sollgewichte sowohl im Mehr wie im Weniger sehr gering sind.

Gewichte für analytische Zwecke werden stets zu Sätzen geordnet in mit Samt ausgelegten Etuis aufbewahrt. Die Gewichte von 1 g ab nach oben sind vergoldet oder platiniert, manchmal auch nur vernickelt, nach unten häufig aus Platin, die Milligrammstücke von Aluminium. Die Stücke unter 1 g werden unter einer Glasplatte aufbewahrt. Außerdem enthält ein Gewichtssatz noch einige Reitergewichte aus Aluminium, die je 1 cg wiegen. Um möglichst viele Gewichtsgrößen zusammenstellen zu können, sind die Einsergewichte (10 g, 1 g, 0,1 g, 0,01 g) in der Mehrzahl vorhanden. Eine Pinzette dient zum Anfassen der Gewichte, da dieselben nicht mit den Fingern angefaßt werden dürfen. Die Gewichte ein und desselben Satzes sind unter sich vollkommen genau; die kleineren Gewichte dürfen unter sich keine größeren Differenzen als $^1/_{10}$ mg, die größeren keine größeren Differenzen als $^3/_{10}$ mg anzeigen. Bei der Kontrolle verfährt man so, daß man gleiche Gewichtsmengen mit gleichen Gewichtsmengen desselben Satzes vergleicht.

Berechnung des Kreisumfangs und der Kreisfläche.

Bezeichnet man mit r den Radius eines Kreises, so ist sein Umfang $2r \times \pi$; letzteres $= 3{,}14159$. Die Kreisfläche ist $r^2 \times \pi$.[1]

Berechnung des Inhalts eines Zylinders.

Gedacht ist z. B. an den Inhalt eines Tonständers. Es wird angenommen, daß der innere Durchmesser 65 cm und die innere Höhe 90 cm beträgt. Dann ist der Inhalt nach der Formel $(r^2 \times \pi) \times 90 = 300$ Liter (abgerundet).

Berechnung der Umdrehung einer Rolle (Riemenscheibe).

Überträgt man die Umdrehung einer Rolle (Riemenscheibe) auf eine zweite Rolle (Riemenscheibe), so bleibt die Umdrehungsgeschwindigkeit die gleiche, wenn die Rolle den gleichen Durchmesser hat; sie wird aber größer, wenn die zweite Rolle kleiner, kleiner, wenn die zweite Rolle größer ist. Bezeichnet man mit D_1 den Durchmesser, mit n_1 die Tourenzahl der ersten Rolle, mit D_2 den Durchmesser der zweiten, mit n_2 die Tourenzahl der zweiten Rolle (Riemenscheibe), so ist

$$D_1 \times n_1 = D_2 \times n_2;$$

demnach ist

$$n_1 = \frac{D_2 \times n_2}{D_1} \quad \text{und} \quad n_2 = \frac{D_1 \times n_1}{D_2}.$$

Angenommen, D_1 sei 1000 mm, D_2 sei 250 mm, n_1 sei 50, n_2 200, so ist

$$n_1 = \frac{250 \times 200}{1000} = 50 \text{ (wie oben)}$$

und

$$n_2 = \frac{1000 \times 50}{250} = 200 \text{ (wie oben).}$$

---

[1] π ist der griechische Buchstabe, der unserem p entspricht; in der Mathemathik bedeutet dieser Buchstabe, der wie pi ausgesprochen wird, den für die Kreisberechnung gefundenen Wert 3,14159.

Die Wage.

Die Wage ist dasjenige Instrument, mit dem das Gewicht eines Körpers festgestellt wird und eines der am meisten gebrauchten und wichtigsten Hilfsmittel. Sie kommt, entsprechend den vielerlei Bedürfnissen, ob es sich um das Wiegen großer oder kleiner Mengen oder um eine größere oder geringere Empfindlichkeit handelt, in den verschiedensten Konstruktionen als Handwage, Tafelwage, Analysenwage usw. zur Anwendung. Ein Haupterfordernis bei der Wage ist die größere Empfindlichkeit, und da stehen die Tafelwagen an letzter, die Analysenwagen an erster Stelle. Die Tafelwagen sind zum Wiegen kleiner Mengen ganz unbrauchbar. Die Analysenwagen gehören wie die Handwagen und Tarierwagen zu den gleicharmigen Balkenwagen. Auf das Nähere der Konstruktion und die Theorie der Wage soll hier nicht eingegangen werden.

Für die Empfindlichkeit gelten im allgemeinen folgende Erfordernisse: 1. Der Schwerpunkt des Wagbalkens muß unter dem Unterstützungspunkte, aber ihm möglichst nahe liegen; 2. der Wagbalken muß von genügender Stärke sein, damit keine Verbiegungen eintreten; 3. die beiden Arme des Wagbalkens müssen einander genau gleich sein; 4. der Unterstützungspunkt des Wagbalkens und die Aufhängepunkte der Wagschalen müssen in einer geraden Linie liegen; 5. das Gewicht des Wagbalkens muß möglichst klein sein; 6. der Wagbalken muß in allen seinen Teilen aus dem gleichen Material bestehen; 7. die Reibung der Schneiden auf ihren Pfannen muß möglichst gering sein.

Bei denjenigen Wagen, die keine Analysenwagen sind (Handwagen, Tarierwagen), befindet sich auf dem Wagbalken eine Angabe über die sog. Tragfähigkeit der Wage, z. B. 50 g. Diese Bezeichnung soll aber nicht heißen, daß man auf der Wage immer bis zu 50 g abwägen könne, sondern daß der Balken für eine Belastung von 50 g auf jeder Wagschale geeicht ist. Für den Gebrauch muß die Belastung stets niedriger gehalten werden.

Um eine gewöhnliche Wage auf ihre Genauigkeit nachzuprüfen, stellt man zunächst die Gleichgewichtslage fest; dann belastet man eine Wagschale mit einem kleinen Gewicht, z. B. bei kleineren Wagen 1 cg; dadurch muß ein deutlicher Ausschlag erfolgen; zuletzt belastet man jede Wagschale mit dem auf dem Wagbalken angegebenen Höchstgewicht und prüft, ob wiederum ein Gleichgewicht vorhanden ist und ein Ausschlag bei einer weiteren Belastung einer Wagschale mit dem zuerst angewendeten kleinsten Gewicht (1 cg) eintritt. Eine Richtigstellung (Justierung) der Wagen läßt sich durch Erschweren oder Erleichtern der Schalen oder der Schnüre (dnrch Umwickeln mit feinem verzinnten Draht, durch Abschneiden an den Schnüren, durch Abfeilen usw.) meist leicht erreichen. Alle Wagen für den Verkehr müssen geeicht sein; Wagen, die allein präparativ-chemischen Zwecken dienen, brauchen nicht geeicht zu sein. Welche Anforderungen an die Richtigkeit und Empfindlichkeit der Wagen gestellt werden können, ist aus der Eichordnung ersichtlich.

Die Analysenwagen unterscheiden sich, weil sie die höchste Empfindlichkeit zeigen müssen, durch vielerlei von den Handelswagen. Da sie vor ungleicher Erwärmung der Hebelarme, vor Feuchtigkeit, Luftzug und Staub geschützt bleiben müssen, so befinden sie sich in einem Glasgehäuse, das auf drei durch Schrauben verstellbaren Metallfüßen steht, durch deren Regulierung die Wage horizontal gestellt wird. Die horizontale Stellung erkennt man entweder an einem an der Wage befindlichen Pendel oder mit Hilfe einer Wasserwage. Alle Analysenwagen haben eine Vorrichtung, um sowohl den Balken wie die Schalen aus ihren Lagern zu heben (Arretierung); dadurch wird erreicht, daß beim Auflegen der Gewichte und der zu wiegenden Gegenstände die Wage völlig unbeweglich ist.

Das Lager für die Schneide des Wagbalkens ist aus poliertem Achat und ebenso ist der innere Teil der Gehänge, in dem sich die seitlichen Schneiden des Wagbalkens bewegen, mit poliertem Achat gefüttert. Für die Analysenwagen ist noch charakteristisch die Reiterverschiebung und der Index.

Die Reiterverschiebung dient dazu, kleine Häkchen vom Gewicht von 1 cg, die man Reiter nennt, auf den Wagbalken aufzulegen. Auf diese Weise werden mit dem Zentigrammhäkchen Milligramme und deren Bruchteile gewogen. Denn da die Wage ein zweiarmiger Hebel ist, so gilt für sie der Satz, daß sie dann im Gleichgewicht ist, wenn die statischen Momente, die durch das Produkt aus Gewicht und der Länge des Hebelarmes ausgedrückt werden, auf beiden Seiten des Unterstützungspunktes des Wagbalkens die gleichen sind. Demnach ist ein Reiterhaken von 1 cg Gewicht nur auf der Wagschale = 1 cg, auf der Hälfte des Wagbalkens aber = $^1/_2$ cg = 0,005, auf $^1/_{10}$ der Länge des Wagbalkens = $^1/_{10}$ cg = 0,001 usw. Zum Zwecke des genauen Wiegens ist jede Hälfte des Wagbalkens in 10 Teile eingeteilt, von denen jeder Teilstrich 1 mg bedeutet; meist ist noch eine Unterteilung vorhanden, auf der man die Bruchteile der Milligramme abliest.

Der Index ist eine Skala, die sich etwas über dem Fuß der Säule befindet und über dem sich beim Schwingen des Wagbalkens ein Zeiger bewegt, der in der Mitte der Verbindungslinie zwischen den beiden Endschneiden des Balkens und senkrecht zu dieser angebracht ist. Beim Wiegen beobachtet man den Ausschlag, den der Zeiger macht. Befindet sich die Wage im Gleichgewicht, so muß beim Schwingen derselben der Zeiger rechts und links vom Nullpunkte der Skala den gleichen Ausschlag geben.

Selbstverständlich müssen die Analysenwagen peinlich sorgfältig behandelt werden; alles ist zu unterlassen, was das Metall angreift, also auch möglichst das Anfassen mit den Fingern. Analysenwagen werden niemals geeicht.

Beim Gebrauche der Analysenwage überzeugt man sich zuerst, ob die Wage im Gleichgewicht ist, also ob der Zeiger beim Schwingen der Wage rechts und links vom Nullpunkte des Index den gleichen Ausschlag gibt. Der zu wägende Körper wird auf die linke Wagschale gestellt und auf der rechten Wagschale durch Gewichte ausgeglichen, wobei man immer die Grenzen sucht, innerhalb deren das wahre Gewicht zu finden ist. Sind z. B. 10 g zu viel und 5 g zu wenig, so probiert man mit 7 g; wäre auch dieses zuviel, so versucht man mit 6 g usw.

Die Feststellung des Gewichts geschieht zunächst durch Ablesen der aus dem Gewichtssatz entnommenen Stücke; durch Ablesen der auf der Wage befindlichen Stücke beim Einlegen in den Gewichtssatz (vgl. Gewichte) kontrolliert man den vorher abgelesenen Wert.

Allgemeine Chemie.

Element. Chemische Verbindung. Gemisch. Wir unterscheiden drei Arten von Körpern, die Gemische, die chemischen Verbindungen und die Elemente. Die Gemische bestehen aus mehreren Bestandteilen, die sich mechanisch zufolge ihrer verschiedenen Löslichkeit, ihres verschiedenen spezifischen Gewichts, durch Aussuchen usw. voneinander trennen lassen und bei den festen Körpern (mit dem bloßen Auge, der Lupe, dem Mikroskop) oft direkt sichtbar sind und durch deren Vermengung die ursprüngliche Substanz mit allen ihren Eigenschaften zurückerhalten wird. Die chemischen Verbindungen dagegen bestehen zwar auch aus mehreren Einzelbestandteilen, die sich aber nicht mechanisch, sondern nur durch tiefere Eingriffe, z. B. durch die Einwirkung des Lichtes, der Wärme und der Elektrizität oder chemischer Agenzien trennen lassen, wobei dann regelmäßig der ursprüngliche Körper unter Bildung neuer Substanzen mit ganz anderen Teileigenschaften vollständig verändert wird. Ebenso entstehen die chemischen Verbindungen auch nur unter der Einwirkung solcher Mittel (Licht, Wärme usw.), durch die sie sich (allgemein ausgedrückt) zerlegen lassen. Die Elemente lassen sich zum Unterschiede von den Gemischen und den chemischen Verbindungen in einfachere Stoffe nicht zerlegen und können aus anderen Stoffen nicht zusammengesetzt werden.

Die Zahl der bis jetzt bekannten Elemente beträgt ungefähr 80; nach allen Erfahrungen darf man annehmen, daß sich diese Zahl mit der Zeit noch vergrößern wird. Eigentümlich ist es, daß die Elemente in verschiedenen Formen auftreten können, z. B. Sauerstoff als Ozon, Schwefel kristallisiert und amorph, Kohlenstoff als Diamant, Graphit und amorphe Kohle, Phosphor in der gelben und metallischen Modifikation usw. Man spricht da von Allotropie und allotropen Zuständen der Elemente.

Bei der großen Zahl der Elemente hat man diese in Gruppen einzuteilen versucht. Eine altübliche Einteilungsart ist die in Metalloide und Metalle. Zu den Metalloiden (Nichtmetallen) zählt man gewohnheitsmäßig diejenigen Elemente, welchen die Merkmale der Metalle fehlen: Wasserstoff, Sauerstoff, Fluor, Chlor, Brom, Jod, Schwefel, Selen, Tellur, Stickstoff, Phosphor, Arsen, Antimon, Bor, Kohlenstoff, Silicium. Der Wasserstoff hat metallischen und metalloiden Charakter. Das altübliche Charakteristikum der Metalle ist der Metallglanz, die Leitfähigkeit für Wärme und Elektrizität, Starrheit (außer beim Quecksilber), Undurchsichtigkeit, Schmelzbarkeit und hohes spezifisches Gewicht. Dasselbe schwankt zwischen 0,59 (Lithium) bis 22,4 (Osmium); diejenigen Metalle, deren spezifisches Gewicht unter 5 liegt, nennt man Leichtmetalle, die übrigen Schwermetalle.

Nach der Ähnlichkeit des chemischen Verhaltens unterscheidet man die Elemente der Sauerstoffgruppe (Sauerstoff, Schwefel, Selen, Tellur), der Chlorgruppe oder die Halogene

(Chlor, Brom, Jod, Fluor), die Elemente der Stickstoffgruppe (Stickstoff, Phosphor, Arsen, Antimon, Bor), der Kohlenstoffgruppe (Kohlenstoff, Silicium), die Alkalimetalle (Kalium, Natrium, Cäsium, Rubidium, Lithium), die Erdalkalimetalle (Calcium, Strontium, Barium), die Magnesiumgruppe (Beryllium, Magnesium, Zink, Kadmium), die Erdmetalle (Aluminium, Gallium, Indium, Thallium); die Gruppe des Silbers (Kupfer, Silber, Quecksilber), des Zinns (Zinn, Germanium, Blei, Titan, Zirkonium, Thorium, Cer), des Wismuts (Wismut, Vanadin, Niob, Tantal), des Chroms (Chrom, Molybdän, Wolfram, Uran), des Eisens (Mangan, Eisen, Kobalt, Nickel), Gold und die Platinmetalle (Platin, Palladium, Iridium, **Rhodium, Ruthenium,** Osmium).

In der chemischen Schreibweise bedient man sich für jedes Element eines Symbols, das dem Anfangsbuchstaben des lateinischen oder griechischen Namens des Elements entspricht, z. B. Schwefel = S (Sulfur), Quecksilber = Hg (Hydrargyrum), Eisen = Fe (Ferrum), Gold = Au (Aurum), Sauerstoff = O (Oxygenium), Wasserstoff = H (Hydrogenium), Stickstoff = N (Nitrogenium) usw.

Die Mischungen können in allen möglichen Verhältnissen bestehen; sie werden ja auch durch mechanische Fertigkeiten nach willkürlichen oder zu einem besonderen Zweck beabsichtigten Verhältnissen bewirkt. Mit dem Begriff der chemischen Verbindung ist aber der Begriff der Gesetzmäßigkeit, der der Mischung fehlt, verknüpft. Damit hängt zusammen, daß zwei verschiedene chemische Verbindungen niemals die gleichen physikalischen Eigenschaften besitzen. Wie äußerlich ähnlich zwei verschiedene chemische Verbindungen auch sein können, so sind sie doch immer wenigstens in einer Eigenschaft verschieden.

Wie die Elemente, so werden auch die chemischen Verbindungen durch Symbole, aus denen die Natur der die Verbindung zusammensetzenden Elemente ersichtlich ist, ausgedrückt. Das Symbol nennt man Formel. Die Formel des Chlornatriums (Kochsalzes) NaCl bedeutet z. B., daß im Chlornatrium die Elemente Chlor und Natrium miteinander verbunden sind.

Atom. Molekül. Atomgewicht. Molekulargewicht.[1] Die bei chemischen Verbindungen auftretenden Gesetzmäßigkeiten haben erkennen lassen, daß die Mengen der Bestandteile irgendeiner Verbindung unter allen Umständen die gleichen bleiben; so wird man z. B. stets im Chlornatrium (Kochsalz) auf 23 Teilen Natrium 35,5 Teile Chlor finden. Den einzelnen Symbolen werden nun Zahlenwerte zugeschrieben, die die kleinsten Mengen angeben, mit denen das betreffende Element in eine Verbindung eintritt oder bei einer Zerlegung der Verbindung ausscheidet. Diese Zahlenwerte nennt man Verbindungsgewichte oder Atomgewichte, Atomgewichte darum, weil sie zugleich den kleinsten Teilchen, den Atomen, eines Elementes zukommen. Jedoch sind die Zahlenwerte keine absoluten Gewichte, sondern nur relative, also spezifische, denen der Wasserstoff als das leichteste Element mit dem Gewicht 1 zugrunde gelegt ist. Was durch die Vereinigung der Atome als kleinstes Teilchen einer Verbindung entsteht, nennen die Chemiker Molekül und den durch die Formel ausgedrückten Zahlenwert, der z. B. beim Chlornatrium $23,0 + 35,5 = 58,5$ beträgt, das Molekulargewicht. In den chemischen Verbindungen können die einzelnen Elemente auch mit ihrem durch ganze Zahlen vervielfältigten Betrage, also mit mehreren Atomen enthalten sein. So besteht z. B. das Molekül des schwefelsauren Kaliums K_2SO_4 aus 2 Atomen Kalium, 1 Atom Schwefel und 4 Atomen Sauerstoff.

In der folgenden Tabelle sind die Elemente mit den ihnen zukommenden Symbolen und Atomgewichten verzeichnet. Man findet darin neben der Zugrundelegung von Wasserstoff (H) = 1 auch die Umrechnung auf Sauerstoff (O) = 16, weil viele Chemiker aus nicht weiter darzu-

[1] Im besonderen wird verwiesen auf Sammlung Göschen Nr. 37 (Klein, Anorganische Chemie) und Nr. 38 (Klein, Organische Chemie).

Elemente	Symbol	Atomgewicht		Elemente	Symbol	Atomgewicht	
		O = 16	H = 1			O = 16	H = 1
Aluminium .	Al	27,1	26,9	Nickel . . .	Ni	58,68	58,21
Antimon . .	Sb	120,2	119,3	Niob	Nb	93,5	92,75
Argon	A	39,88	39,56	Niton . . .	Nt	222,4	220,63
Arsen	As	74,96	74,36	Osmium . .	Os	190,9	189,38
Barium . . .	Ba	137,37	136,27	Palladium .	Pd	106,7	105,85
Beryllium . .	Be	9,1	9,03	Phosphor .	P	31,04	30,79
Blei	Pb	207,1	205,45	Platin . . .	Pt	195,20	193,65
Bor	B	11,0	10,9	Praseodym .	Pr	140,6	139,48
Brom	Br	79,92	79,28	Quecksilber	Hg	200,6	199,0
Calcium . . .	Ca	40,07	39,75	Radium . .	Ra	226,4	224,6
Cäsium . . .	Cs	132,81	131,76	Rhodium . .	Rh	102,9	102,08
Cer	Ce	140,25	139,13	Rubidium .	Rb	85,45	84,77
Chlor	Cl	35,46	35,17	Ruthenium .	Ru	101,7	100,89
Chrom	Cr	52,0	51,98	Samarium .	Sm	150,4	148,2
Eisen	Fe	55,85	55,40	Sauerstoff .	O	16,0	15,88
Erbium . . .	Er	167,7	166,36	Schwefel . .	S	32,07	31,81
Fluor	F	19,0	18,9	Selen	Se	79,2	78,57
Gallium . . .	Ga	69,9	69,34	Silber . . .	Ag	107,88	107,02
Germanium .	Ge	72,5	71,9	Silicium . .	Si	28,3	28,07
Gold	Au	197,2	195,7	Skandium .	Sc	44,1	43,75
Helium . . .	He	3,99	3,95	Stickstoff .	N	14,01	13,89
Indium . . .	In	114,8	113,88	Strontium .	Sr	87,63	86,93
Jod	J	126,92	125,91	Tantal . . .	Ta	181,5	180,06
Iridium . . .	Ir	193,1	191,56	Tellur . . .	Te	127,5	126,48
Kadmium . .	Cd	112,4	111,6	Thallium . .	Tl	204,0	202,38
Kalium . . .	K	39,1	38,78	Thorium . .	Th	232,4	230,55
Kobalt	Co	58,97	58,5	Titan	Ti	48,1	47,71
Kohlenstoff .	C	12,0	11,91	Uran	U	238,5	236,60
Krypton . . .	Kr	82,92	82,26	Vanadin . .	V	51,00	50,59
Kupfer . . .	Cu	63,57	63,06	Wasserstoff	H	1,008	1,00
Lanthan . .	La	139,0	137,89	Wismut . .	Bi	208,0	206,34
Lithium . . ,	Li	6,94	6,88	Wolfram . .	W	184,0	182,44
Magnesium .	Mg	24,32	24,17	Xenon . . .	X	130,2	129,16
Mangan . . .	Mn	54,93	54,49	Ytterbium .	Yb	172,0	170,63
Molybdän . .	Mo	96,0	95,3	Yttrium . .	Y	89,0	88,29
Natrium . . .	Na	23,0	22,81	Zink	Zn	65,37	64,85
Neodym . . .	Nd	144,3	143,15	Zinn	Sn	119,0	118,05
Neon	Ne	20,2	20,03	Zirkonium .	Zr	90,6	89,88

legenden Gründen mit diesen Zahlen rechnen. Beide Arten von Atomgewichtszahlen stehen untereinander in dem Verhältnisse 16 : 15,88.

Die Ermittlung und Anwendung der Zahlenwerte beim chemischen Rechnen nennt man Stöchiometrie.

Übungsrechnen:

KNO_3		K_2SO_4		$KMnO_4$	
K	= 39,1	K_2	= 78,2	K	= 39,1
N	= 14,01	S	= 32,07	Mn	= 54,93
O_3	= 48,0	O_4	= 64,0	O_4	= 64,0
	101,11		174,27		158,03

$BaCl_2$		KJ	
Ba	= 137,37	K	= 39,1
Cl_2	= 70,92	J	= 126,92
	208,29		166,02

$Na_2SO_4 + 10H_2O$		$Ca(OH)_2$		$Bi(NO_3)_3$	
Na_2	= 46,0				
S	= 32,07	Ca	= 40,07	Bi	= 208,0
O_4	= 64,0	O_2	= 32,0	N_3	= 42,0
$10H_2O$	= 180,0	H_2	= 2,0	O_9	= 144,0
	322,07		74,07		394,03

Eine reichhaltige „Stöchiometrische Aufgabensammlung" im Sinne obiger und der späteren Beispiele findet sich bei Bahrdt, Sammlung Göschen Nr. 452.

Die chemische Schreibweise. Jeden chemischen Prozeß drückt man unter Benutzung der Symbole graphisch durch eine Gleichung aus, welche man nach Art einer Addition aufschreibt, indem man auf die linke Seite des Gleichheitszeichens die aufeinander wirkenden Körper als Summanden in ihren notwendigen molekularen Mengen und auf die rechte Seite des Gleichheitszeichens die entstehenden Produkte als Summanden in ihren resultierenden molekularen Mengen schreibt: Chlorbarium ($BaCl_2$) + Schwefelsaures Natrium (Na_2SO_4) = Schwefelsaures Barium ($BaSO_4$)

+ Chlornatrium (2 NaCl). Da bei chemischen Prozessen[1] niemals ein Verlust von Substanz stattfindet, so müssen in einer chemischen Gleichung rechts vom Gleichheitszeichen genau so viele gleichartigen Elemente stehen, wie links vom Gleichheitszeichen. Trifft das nicht zu, dann ist die aufgestellte Gleichung auf alle Fälle falsch.

Sind in einer chemischen Verbindung mehrere Atome desselben Elements vorhanden, so wird dieses durch einen Exponenten am Symbol zum Ausdruck gebracht, z. B. K_2SO_4 = 2 At. Kalium + 1 At. Schwefel + 4 At. Sauerstoff.

Befindet sich ein Exponent hinter einer Klammer, so bezieht sich derselbe auf alles das, was sich in der Klammer befindet, also auch auf die Exponenten in der Klammer, z. B. $Zn(CN)_2$ (Cyanzink) = 1 At. Zink + 2 At. Kohlenstoff + 2 At. Stickstoff; $Zn(NO_3)_2$ (salpetersaures Zink) = 1 Atom Zink + 2 At. Stickstoff + 6 At. Sauerstoff; $Zn(C_2H_3O_2)_2$ (essigsaures Zink) = 1 At. Zink + 4 At. Kohlenstoff + 6 At. Wasserstoff + 4 At. Sauerstoff. Befindet sich eine Zahl vor einer Formel, so bezieht sich die Zahl auf die ganze Formel, z. B.

$$6\,KOH + 6\,Cl = 5\,KCl + KClO_3 + 3\,H_2O,$$

d. h. 6 Moleküle KOH + 6 At. Chlor geben 5 Moleküle KCl + 1 Mol. $KClO_3$ + 3 Moleküle H_2O.

Anwendung der Stöchiometrie bei präparativen Arbeiten. Wie die Zahlengesetze bei präparativen Arbeiten zur Anwendung kommen, soll an einzelnen Beispielen erläutert werden.

1. Wieviel Sauerstoff läßt sich aus 100 g chlorsauren Kaliums beim Erhitzen erhalten?

Vorgang: $2\,KClO_3$ (chlorsaures Kalium) = $KClO_4$ (überchlorsaures Kalium) + KCl (Chlorkalium) + 2 O (Sauerstoff).

2 (39,1 + 35,46 + [3 × 16]) = 245,12 | 39,1 + 35,46 + [4 × 16] = 138,56 | 39,1 + 35,46 = 74,56 | 2 × 16 = 32

[1] Für das Wort Prozeß gebraucht man ebenso häufig das Wort Reaktion; jedoch versteht man unter Reaktion auch das für einen Stoff oder eine Gruppe ähnlicher Stoffe charakteristische Verhalten (alkalische, saure, neutrale Reaktion usw.).

245,12 g chlorsaures Kalium liefern somit 32 g Sauerstoff und 100 g chlorsaures Kalium (nach der Gleichung 245,12 : 32 = 100 : x) 13,5 g.

Da 1 Liter Sauerstoff bei 0° und 760 mm Druck 1,4336 g wiegt, so entsprechen die 13,5 g (nach der Gleichung 1,4336 : 1 = 13,5 : x) 9,4 Liter Sauerstoff.

2. Wieviel Kohlensäure kann aus 1 kg Marmor mit Hilfe von Salzsäure entwickelt werden?

Vorgang: $CaCO_3$ (Marmor) + 2 HCl (Salzsäure)
40,07 + 12 + (3 × 16) = 100,07   2 (1 + 35,46) = 72,92
= $CaCl_2$ (Chlorcalcium) + H_2O (Wasser) + CO_2 (Kohlensäure).
40,07 + (2 × 35,46) = 110,99   18   12 + (2 × 16) = 44

100,07 g Marmor liefern somit 44 g Kohlensäure, und 1 kg Marmor nahezu das Zehnfache.

3. Wieviel Wasserstoff kann aus 1 kg Zink mit Hilfe von Schwefelsäure entwickelt werden?

Vorgang: Zn (Zink) + H_2SO_4 (Schwefelsäure) = $ZnSO_4$
65,37   98,07   161,44
(schwefelsaures Zink) + 2 H (Wasserstoff).
2

65,37 g Zink liefern somit 2 g Wasserstoff und 1 kg Zink, mithin (nach der Gleichung 65,37 : 2 = 1000 : x) 30,6 g.

Da 1 Liter Wasserstoff bei 760 mm Druck und 0° nahezu 0,09 g wiegt, so entsprechen die 30,6 g (nach der Gleichung 0,09 : 1 = 30,6 : x) 340 Litern.

4. Die zur Wasserstoffentwicklung (Frage 3) nötige Schwefelsäure soll in Form von verdünnter Schwefelsäure (4 T. Wasser und 1 T. 98 % iger Schwefelsäure) angewendet werden. Wieviel von dieser Schwefelsäure ist nötig? Auf 1 kg Zink kommen (nach der Gleichung 65,37 : 98,07 = 1000 : x) 1,500 kg 100 % ige Schwefelsäure (H_2SO_4); 100 g H_2SO_4 sind (nach der Gleichung 98 : 100 = 100 : x) in 102 g 98 % iger Schwefelsäure enthalten, mithin 1,500 kg in 1,53 kg 98 % iger Säure, die mit 4 × 1,53 = 6,12 kg Wasser zu 7,62 kg der verlangten Säure zu verdünnen sind.

5. Es sollen 100 g Silber aus salpetersaurem Silber dargestellt und hierzu das letztere zuerst in Chlorsilber verwandelt werden. Wieviel salpetersaures Silber ist nötig?

Vorgang: $AgNO_3$ (salpetersaures Silber) enthält 107,89 Sil-
169,89
ber; mithin können 100 g Silber (nach der Gleichung 107,89 : 169,89 = 100 : x) aus 157,5 g salpetersaures Silber erhalten werden. Die Menge des Chlorsilbers kommt, da sie nur eine Zwischenstufe darstellt, gar nicht in Betracht.

6. Wieviel Jodkalium kann man aus 100 g Jod darstellen?

Vorgang: K (Kalium) + J (Jod) = KJ (Jodkalium).
39,1 126,92 166,02

Da aus 126,92 g Jod 166,02 g Jodkalium erhalten werden, so werden (nach der Gleichung 126,92 : 166,02 = 100 : x) aus 100 g Jod nahezu 131 g Jodkalium erhalten. Daß das Kalium in Form von Kalilauge verwendet wird und dadurch der tatsächliche Vorgang etwas verwickelter wird, hat auf das Resultat keinen Einfluß.

7. Wieviel 25 %ige Salzsäure kann man mit Hilfe von 1 kg Kochsalz darstellen?

Vorgang: NaCl (Kochsalz) gibt HCl (Salzsäure). 1 kg Koch-
23 + 35,46 = 58,46 36,46
salz entspricht (nach der Gleichung 58,46 : 36,46 = 1000 : x) nahezu 624 g Salzsäure (HCl), dementsprechend 4 × 624 = nahezu 2,496 kg 25 %ige Salzsäure.

Die Ausdehnung durch die Wärme. Daß durch Zufuhr von Wärme bei den festen und flüssigen Körpern der Rauminhalt vergrößert wird (s. Aggregatzustand S. 26), hat seinen Grund darin, daß die nur begrenzt teilbare Materie nicht kontinuierlich, d. h. als nicht fortgesetztes Ganzes den Raum erfüllt, sondern daß die unteilbaren Massenteilchen, von denen an anderer Stelle (S. 18) die Rede ist, durch Zwischenräume getrennt sind, durch deren Vergrößerung oder Verkleinerung der Rauminhalt der Körper zu- oder abnimmt. In der Chemie ist auf solche Raumvergrößerung in mancherlei Hinsicht Rücksicht zu nehmen. So dürfen z. B. Gefäße mit leicht ausdehnbaren Flüssigkeiten (Äther, Benzin) niemals bis unter den Stopfen gefüllt werden und Ölbäder niemals so voll, daß beim Erhitzen des Bades das Öl übersteigt. — Die Ausdehnung durch Wärme macht man sich zunutze beim Losbringen eines in den Flaschenhals eingeklemmten Glasstopfens durch Erwärmen des Flaschenhalses; dabei springt der Stopfen, der der Ausdehnung des Glases nicht folgt, vom Glashals los, so daß er herausgezogen werden kann. Das Erwärmen des Glashalses geschieht in der Art, daß man eine Schnur um den Hals legt und diese hin und her zieht oder mit einer Lampe, über der man den Glashals einige Zeit beständig dreht. Im letzteren Falle darf der Inhalt der Flasche aber keine feuergefährliche Flüssigkeit sein.

Komprimierte und verflüssigte Gase. Komprimierte und verflüssigte Gase sind heute Handelsartikel, die meist in eisernen Bomben zum Versand gebracht und aufbewahrt werden.

Damit ein Gas verflüssigt werden kann, ist eine für jedes Gas verschiedene, durch Temperatur und Druck bedingte Grenze zu überschreiten. Diese Grenzen nennt man die kritischen Werte: kritische Temperatur und kritischen Druck. Oberhalb dieser Werte kann kein Gas verflüssigt werden, und das Bestehen eines Gases im flüssigen Zustande ist nicht möglich. Es gelten folgende Zahlen:

Ammoniak	krit.	Druck	115	Atm.,	krit.	Temp.	130°,
Kohlensäure	„	„	75	„	„	„	31°,
Sauerstoff	„	„	51	„	„	„	−119°,
Wasserstoff	„	„	20	„	„	„	−232°,
Stickstoff	„	„	35	„	„	„	−146°,
Atm. Luft	„	„	39	„	„	„	−140°,
Chlor	„	„	94	„	„	„	146°.

Wie man aus diesen Zahlen sieht, liegen bei Sauerstoff, Wasserstoff, Stickstoff und atmosphärischer Luft die kritischen Temperaturen, oberhalb welcher sie auch unter dem stärksten Drucke nicht verflüssigt werden können, tiefer als die Temperatur an irgendeinem Orte. Würde man sie darum in geschlossenen Gefäßen aufbewahren wollen, so würden sie unter allen Umständen den gasförmigen Zustand annehmen und alle geschlossenen Gefäße zum Explodieren bringen.

Der Wasserstoff, Sauerstoff und Stickstoff, den man in eisernen Bomben in den Handel bringt, ist nur stark verdichtetes Gas, von dem 10 Liter ungefähr 1 cbm gewöhnlichem Gase entsprechen. Der Versand und die Aufbewahrung der verflüssigten Luft geschieht in besonders konstruierten offenen Gefäßen (Dewarschen Gefäßen); dieselben haben wie die bekannten Thermosflaschen doppelte Wandungen, deren Zwischenraum, um die Wärmeleitung aufzuheben, möglichst luftleer gemacht ist. Außerdem ist zur Abhaltung der strahlenden Wärme die äußere Wandung auf der Innenseite versilbert.

Die Berufsgenossenschaft der chemischen Industrie hat besondere Unfallverhütungsvorschriften über den Verkehr mit verflüssigten und verdichteten Gasen herausgegeben, aus denen hier nur einige Punkte hervorgehoben werden sollen. So müssen die Anschlußverschraubungen zum Füllen der Behälter zur Vermeidung von Verwechslungen zwischen Behältern für brennbare und nicht brennbare Gase verschiedene Gewinde haben und zwar linksgerichtetes bei den brennbaren Gasen (Wasserstoff, Leuchtgas, Grubengas und Azetylen) und rechtsgerichtetes bei den übrigen Gasen; bei den Chlor- und Chlorkohlenoxydflaschen ist der Verschraubung ein anderer Durchmesser zu geben und bei den Schwefligsäureflaschen ein anderer Durchmesser zulässig. Bei der Armatur der Flaschen für Sauerstoff, Stickoxydul und andere oxydierend wirkende Gase dürfen fett- und ölhaltiges Dichtungsmaterial nicht verwendet werden, weil diese als Pyrophore wirken, d. h. sich selbst entzünden können. Auch dürfen die Ventile an Flaschen für Azetylen und Azetylenlösungen, soweit Azetylen mit denselben in Berührung kommt, nicht aus Kupfer oder kupferhaltigen Legierungen bestehen. Neben diesen Vorschriften gelten auch besondere Landesvorschriften, z. B. die badische vom 11. Dezember 1914 betr. die Verunreinigung des Sauerstoffs mit Wasserstoff und umgekehrt. Danach darf verdichteter Sauerstoff nur mit höchstens 4 Vol.-Prozente Wasserstoff und verdichteter Wasserstoff nur mit höchstens 2 Vol.-Prozenten Sauerstoff in den Verkehr gebracht werden. Wie auf diesen Gehalt geprüft wird, gibt die badische Vorschrift nicht an. Es soll darum nur hier erwähnt werden, daß sich der Wasserstoff im wasserstoffhaltigen Sauerstoff und der Sauerstoff im sauerstoffhaltigen Wasserstoff durch Verbrennen mit Palladiumasbest bestimmen läßt. (Vgl. hierzu Urban, Laboratoriumsbuch für die Industrie der verflüssigten und komprimierten Gase.)

Die Eigenschaften der Körper.

Aggregatzustand. Unter Aggregatzustand versteht man den äußeren Zustand, wie sich ein Körper uns darbietet. Dieser Zustand kann ein dreifacher sein: fest, flüssig und gasförmig. Wahrscheinlich kommt allen Körpern die Eigenschaft zu, in allen drei Aggregatzuständen bestehen zu können; zu dieser Annahme berechtigt uns die Chemie der hohen und niederen Temperaturen: wir können heute durch die Anwendung hohen Drucks und großer Kälte viele Gase, die früher permanente Gase genannt wurden, in flüssige und feste Form bringen und anderseits früher feuerbeständig genannte Substanzen wie Gold verflüchtigen und destillieren. Die festen Körper haben eine bleibende selbständige Gestalt, an der mitunter eine kleine Veränderung vorgenommen werden kann. Bei einem Kraftaufwand, dem die festen Körper keinen Widerstand entgegensetzen können, tritt eine Zerlegung in kleinere Stücke ein, die sich durch Aneinanderlegen nicht wieder vereinigen lassen. Die flüssigen Körper haben keine selbständige Gestalt; nur ganz kleine Mengen nehmen, wenn sie frei schweben, in Gestalt von Tropfen die Kugelform an. Sonst richtet sich ihre Gestalt nach der Form der Gefäße, in denen sie sich befinden. Ein Aneinanderlagern getrennter Stücke genügt zu einer Wiedervereinigung. Die Gase haben ebenfalls keine selbständige Gestalt; ihr Charakteristisches ist, daß sie jeden Raum, in den sie gebracht werden, gänzlich ausfüllen. Durch Zufuhr von Wärme wird bei den festen und flüssigen Körpern der Rauminhalt vergrößert (S. 23); umgekehrt nehmen die festen und flüssigen Körper mit sinkender Temperatur einen kleineren Raum ein. Bei der Ansdehnung der Gase durch Erwärmen wird der Druck, den sie auf die Wandung der Gefäße, in denen sie sich befinden, ausüben, größer.

Bei vielen Körpern, z. B. den Fetten, läßt sich der Aggregatzustand nicht bestimmt beschreiben; sie befinden sich in einem halbfesten und halbflüssigen Zustande; derartige Körper nennt man weich und salbenartig.

Beim Übergang eines Körpers aus dem gasförmigen Zustand in den flüssigen und aus letzterem in den festen Zustand wird stets Wärme frei und umgekehrt beim Übergang aus dem festen Zustand in den flüssigen und aus letzterem in den gasförmigen Wärme gebunden, welche durch die Temperatur der betreffenden Körper nicht angezeigt wird. Es ist also, mit anderen Worten gesagt, zur Erhaltung eines Körpers im flüssigen oder gasförmigen Zustande eine bestimmte Wärmemenge, die sog. latente Wärme, erforderlich.

Der Prozeß, durch welchen ein fester Körper bei Zufuhr von Wärme in den flüssigen Zustand übergeführt wird, nennt man Schmelzen; den Prozeß, durch welchen eine Flüssigkeit bei Zufuhr von Wärme in den gasförmigen Zustand übergeführt wird, nennt man Verdampfen.

Ein Merkmal bei den festen Körpern ist der Widerstand, den sie beim Druck ausüben; danach spricht man von harten Körpern z. B. Korund und weniger harten Körpern, z. B. Kreide, ein Merkmal bei den flüssigen Körpern ist ihre Beweglichkeit; danach spricht man von leichtflüssigen Körpern z. B. Äther und dick- oder zähflüssigen Körpern z. B. Teer.

Die Temperatur. Unter Temperatur versteht man die Größe des Wärmezustandes eines Körpers, den man durch das Gefühl wahrnimmt. Da die Wärme eines Körpers stets von Einfluß auf seine Raumerfüllung ist und der Körper bei einer höheren Temperatur stets einen größeren Raum einnimmt als bei einer niedrigen, so ermittelt man die Temperatur durch die Ausdehnung, die ein Körper, dessen Ausdehnungsart bekannt ist, erleidet, wenn man ihn in den gleichen Wärmezustand versetzt. Solche

Körper sind das Quecksilber und der Alkohol (Weingeist). Die Apparate nennt man Thermometer (Wärmemesser). Als solche werden zu chemischen Arbeiten nur die Quecksilberthermometer benutzt. Alkoholthermometer verwendet man mit Vorliebe für Beobachtungen von Außentemperaturen (im Zimmer und im Freien). Unter Thermometer soll im folgenden immer das Quecksilberthermometer gemeint sein.

An den Thermometern unterscheidet man die Quecksilberkugel (d. i. das Vorratsgefäß des Quecksilbers), die Kapillare, in die die Quecksilberkugel ausgezogen ist und in der das Quecksilber beim Erwärmen aufsteigt, sowie die Skala mit der Einteilung nach sog. Graden. Auf der Skala sind zwei Fixpunkte als Gefrierpunkt (Nullpunkt, Eispunkt des Wassers) und als Siedepunkt des Wassers gekennzeichnet. Der Zwischenraum zwischen beiden Fixpunkten ist bei dem zu chemischen Arbeiten üblichen Celsiusschen Thermometer in 100 gleiche Teile (Grade) eingeteilt; die Einteilung erstreckt sich aber noch weiter über den Siedepunkt des Wassers hinaus bis zum Siedepunkte des Quecksilbers (abgerundet 360^0) und unter den Nullpunkt hinweg. Die Grade über dem Nullpunkt nennt man + Grade, die Grade unterhalb des Nullpunktes — Grade. Der Nullpunkt ist durch Einstellen in schmelzendes Eis, der Siedepunkt durch den Dampf von siedendem Wasser ermittelt worden. Wie groß die Abstände zwischen den einzelnen Graden sind, hängt von der Größe der Quecksilberkugel und der Weite der Kapillare ab. Um das Thermometer für hohe Temperaturen (gegen 360^0 und darüber hinaus) benützen zu können, füllt man den freien Raum in der Kapillare über dem Quecksilberfaden mit einem indifferenten Gas (Stickstoff, Helium); dieses wird dann beim Ausdehnen des Quecksilbers komprimiert, was zur Folge hat, daß der Siedepunkt des Quecksilbers erhöht wird. Im Gebrauch sind Stabthermometer und Thermometer mit eingeschlossener Milchglasskala; letztere sind beliebter, weil die Skala nicht wie bei den Stabthermometern, auf denen die Skala aufgeätzt ist, unleserlich wird.

Die Genauigkeit der Thermometer muß von Zeit zu Zeit nachkontrolliert werden. Denn die Punkte verschieben sich bei öfterem Gebrauch häufig. Der Grund dafür liegt z. T. in der unzureichenden Elastizität des Glases, das sich beim Abkühlen des Thermometers nicht immer in demselben Maße zusammenzieht, wie es sich beim Erwärmen ausgedehnt hat, ebenso kann ein längeres Erhitzen auf höhere Temperaturen nachteilig wirken. Um bei der Neuanschaffung von Thermometern über die Genauigkeit sicher zu sein, zieht man vielfach solche vor, die von der physikalisch-technischen Reichsanstalt geprüft sind; aber auch diese müssen von Zeit zu Zeit nachgeprüft werden. Zu einer derartigen Nachprüfung werden wieder die beiden Fixpunkte 0° und 100° festgestellt und außerdem die Punkte, bei denen einige leicht rein zu beschaffende und einen genauen Schmelzpunkt zeigende Substanzen schmelzen, z. B. Acetanilid 113°, Naphthalin 80°, Phenacetin 135°, Santonin 170°, Koffein 234°.

Bei der Feststellung des Fixpunktes für den Dampf des siedenden Wassers (100°) ist der Atmosphärendruck zu berücksichtigen. Denn die Temperatur von 100° trifft nur für den Atmosphärendruck von 760 mm zu. Es gelten dann folgende Werte:

740 mm	99,3°,	755 mm	99,8°,
745 mm	99,4°,	760 mm	100,0°,
750 mm	99,6°,	765 mm	100,2°.

Steht ein genaues Thermometer zur Verfügung, so genügt zur Nachprüfung der Vergleich mit den von diesem angezeigten Temperaturgraden. Eine weitere Korrektur ist für den herausragenden Quecksilberfaden[1] nach der Formel

[1] Unter den herausragenden Faden versteht man denjenigen Teil des Quecksilberfadens, welcher nicht in die für die Schmelz-

$$C = 0{,}000156\,a\ (t - to)$$

anzubringen, in der C die Korrektur bedeutet, die der abgelesenen Temperatur hinzuzuzählen ist, t die am Thermometer abgelesene Temperatur, to die Temperatur des herausragenden Fadens (mit einem zweiten Thermometer beobachtet), das man neben das Hauptthermometer so aufhängt, daß sich dessen Quecksilbergefäß in der Mitte des herausragenden Fadens befindet (Figur 4), a die in Graden ausgedrückte Länge des herausragenden Fadens und 0,000156 den Unterschied der Ausdehnung des Glases (Jenenser Normalglas angenommen) und des Quecksilbers. An Stelle dieser Formel läßt sich einfacher eine von Rimbach ausgearbeitete Korrektionstabelle[2] benutzen, die den der beobachteten Temperatur zuzuzählenden Wert direkt angibt.

Um der Anbringung von Korrekturen möglichst zu entgehen, bedient man sich vielfach Thermometer, die nur für kleinere Temperaturintervallen 1—100°, 100—150°, 150—200° usw. gelten. Diese Thermometer sind namentlich bei Siedepunktsbestimmungen (und Destillationen) sehr praktisch, weil sie vollständig in den Dampf der siedenden Flüssigkeit eintauchen.

Das spezifische Gewicht. Unter dem spezifischen Gewicht oder der Dichtigkeit versteht man die Zahl, welche angibt, um wieviel ein Körper schwerer ist als ein gleich großes Volumen Wasser von einer bestimmten Temperatur. Die letztere nimmt man gewöhnlich zu 4° oder 15° C an. In der Chemie hat man es meist mit der Bestimmung des spezifischen Gewichts (abgekürzt D = Dichtigkeit) von

---

punktsbestimmung dienende erhitzte Flüssigkeit (Schwefelsäure, Paraffin s. Schmelzpunktsbestimmung) oder bei Siedepunktsbestimmungen (s. d.) in den Dampf der siedenden Flüssigkeit eintaucht. Dieser Teil des Quecksilberfadens hat eine niedere Temperatur als die Quecksilberkugel. Die Temperaturangabe auf der Skala ist somit um diesen Betrag ungenau.

[2] Ber. d. dtsch. chem. Ges. **22**. 3072 (1889).

Flüssigkeiten zu tun, von der auch hier allein gesprochen werden soll. Diese Bestimmung gehört, wie die anderer physikalischer Werte zur Charakterisierung der Reinheitsprüfung der chemischen Substanzen; man nennt sie Aräometrie und die dazu nötigen Instrumente Aräometer. Hierbei unterscheidet man zwei Arten der Bestimmung; entweder vergleicht man die absoluten Gewichte gleicher Volumina Wasser und der anderen Flüssigkeit oder man berechnet das spez. Gewicht aus der Größe des Auftriebs, den ein Senkkörper, den man in die Flüssigkeit eintaucht, durch diese bekommt. Letztere Bestimmungsart beruht auf dem archimedischen Prinzip.

Den Vergleich der absoluten Gewichte gleicher Volumina Wasser und der zu prüfenden Flüssigkeit stellt man in der Weise an, daß man ein Gefäß von bekanntem Wasserinhalt, der z. B. 15 g betragen möge, mit der zu untersuchenden Flüssigkeit, die die Normaltemperatur haben muß, füllt, dann das absolute Gewicht dieser Flüssigkeitsmenge feststellt, das z. B. 12 g betragen möge, und nun das letztere Gewicht durch das Wassergewicht dividiert; als spezifisches Gewicht wird dann $\frac{12}{15} = 0{,}800$ gefunden. Zu den Gefäßen von bekanntem Wassergehalt gehören die Piknometer in der verschiedenartigsten Ausführung. Die sichersten Zahlen erhält man mit denjenigen Piknometern, an denen die Eingießöffnung mit einem Thermometerstopfen verschlossen wird.

Das archimedische Prinzip besagt, daß, wenn ein Körper in eine Flüssigkeit eingetaucht wird, dieser von der Flüssigkeit getragen wird und infolge dieses Auftriebs von seinem absoluten Gewicht soviel verliert, als das Volumen der Flüssigkeit wiegt, welches der Körper verdrängt. Wiegt darum ein in eine Flüssigkeit eingetauchter Körper gerade soviel wie ein gleich großes Volumen dieser Flüssigkeit, dann wird er ganz in die Flüssigkeit eintauchen und von ihr getragen werden; wiegt er mehr, so wird er untersinken und wiegt er weniger, so wird er nur teilweise die Flüssigkeit verdrängen und auf derselben schwimmen. Das von einem schwimmenden Körper verdrängte Flüssigkeitsvolumen wiegt stets soviel wie er selbst und es steht in einem umgekehrten Verhältnisse zu dem spezifischen Gewichte. Je größer dieses ist, um so weniger wird er einsinken, je kleiner um so mehr. Aus der Tiefe des Einsinkens eines schwimmenden Körpers läßt sich somit das spez. Gewicht ermitteln. Solche schwimmenden zur Bestimmung des spez. Gewichts bestimmten Körper sind die Skalenaräometer.

Dieselben bestehen aus einem etwas weiten röhrenförmigen Glaskörper, in dessen oberem verengten Teile sich eine Skala zum Ablesen des spez. Gewichts befindet, während die untere mit Schrot oder Quecksilber gefüllte Kugel dazu beiträgt, daß das Instrument schwimmt. Das Aräometer ist um so genauer, je weiter auf der Skala die Teilstriche voneinander stehen. Da aber bei ein und demselben Instrumente die Skala ganz unbeholfen lang werden würde, wenn dieses Instrument sowohl für schwere wie für leichte Flüssigkeiten gebraucht würde, fertigt man Aräometer an, die nur für spez. Gewichte innerhalb kleinerer Intervallen benutzt werden können. Am besten ist es, wenn an dem Aräometer noch ein Thermometer zum Ablesen der Temperatur angebracht ist. Die Skala wird nach der Ermittelung, wie tief das Instrument in die verschiedensten Flüssigkeiten eintaucht, ausgearbeitet.

Die Skalenaräometer haben in ihrer praktischen Anwendung häufig den Zweck, nicht das spez. Gewicht, sondern den Gehalt einer Flüssigkeit zu ermitteln, ohne daß man sich besonderer Tabellen hierfür zu bedienen hat, die sonst nötig sind. Durch dieses Bedürfnis sind die vielen Sorten entstanden, die man nach dem Namen ihrer Konstrukteure (Richter, Tralles, Baumé, Beck usw.) unterscheidet. Zu den gebräuchlichsten von diesen zählt das Aräometer von Baumé, welches den Gehalt einer Flüssigkeit nach Graden angibt, wobei für leichtere Flüssigkeiten

Wasser = 10° und Spiritus vom spez. Gewicht 0,823 = 40°, dagegen für schwerere Flüssigkeiten Wasser = 0° und das spez. Gewicht 2,000 = 73° angesetzt werden. Mit dem Bauméschen Aräometer ist durch die Benennung Grade etwas in die Praxis hineingetragen worden, das eigentlich nichts besagt, und mit dem sich nur unter Benutzung von Tabellen über das spez. Gewicht oder den Gehalt etwas vorstellen läßt.[1]

Wie aus der Tiefe des Einsinkens eines schwimmenden Körpers, so läßt sich auch aus dem Gewichtsverlust, den ein und derselbe Körper in verschiedenen Flüssigkeiten durch deren Auftrieb erleidet, das spez. Gewicht bestimmen. Denn dem letzteren ist der Gewichtsverlust proportional. Es wird also ein Körper, der in Wasser 5 g verdrängt, in einer Flüssigkeit von dem spez. Gewicht 0,800 nur 4 g verdrängen. Um nach dieser Art das spez. Gewicht von Flüssigkeiten bestimmen zu können, bedient man sich der Westphalschen (meist irrtümlich Mohrschen Wage genannten) Wage. Die Konstruktion und die Handhabung der Wage gelte hier als bekannt. Für den Fall, daß die Wasserverdrängung 5 g beträgt, ist das Gewicht der schwersten Reiter ebenfalls 5 g und die Gewichte der kleineren Reiter den 10. bzw. 100. oder 1000. Teil. Da die Reiter für die Dezimalstellen auf den Balken aufgesetzt werden, so gilt hier, was für den Reiter bei der Analysenwage gesagt worden ist.

Betrachtet man die aufgezählten Arten der spez. Gewichtsbestimmung, so fällt sofort auf, daß Skalenaräometer, die für mehrere Flüssigkeiten dienen sollen, am ungenauesten sind, da sie eine Ablesung über die dritte

---

[1] Im Deutschen Reiche wird der Alkoholgehalt des käuflichen Spiritus, des sog. Branntweins, nach Gewichtsprozenten mit dem Gewichtsalkoholometer unter Zugrundelegung einer Temperatur von 15° bestimmt. Für das steueramtliche Verfahren hierbei dient die amtliche Anleitung (Berlin, Verlag von J. Springer, 1889).

Dezimale kaum gestatten. Den Skalenaräometern kann man aber eine größere Genauigkeit geben, wenn man sie nur für eine und dieselbe Flüssigkeit, die man häufig zu untersuchen hat, einrichten läßt. Dazu gestattet das Aräometer ein sehr rasches Arbeiten. Sehr genau funktionieren die Piknometer besserer Konstruktion und die beliebte Westphalsche Wage.

Da die Angaben sich stets auf bestimmte Temperaturen, meist 15°, beziehen und es immerhin schwierig ist, diese Temperatur einzuhalten, so empfiehlt es sich, die Beobachtung bei der augenblicklich herrschenden Temperatur anzustellen und den gefundenen Wert auf die Normaltemperatur zu reduzieren, wenn für die fraglichen Flüssigkeiten Umrechnungstabellen existieren wie für viele im Deutschen Arzneibuche. Aus der einen der beiden folgenden Tabellen ersieht man die Umrechnung des spez. Gewichts in Baumégraden und umgekehrt, aus der andern Tabelle die Umrechnung des bei einer höhern oder niedern Temperatur gefundenen spez. Gewichts einer Anzahl von Flüssigkeiten auf das spez. Gewicht bei einer andern Temperatur. Hat man z. B. von irgendeiner Flüssigkeit (Kalilauge, Salzlösung) das spez. Gewicht 1,440 gefunden, so hat die betreffende Flüssigkeit 44,1 Baumégrade, und hat man bei einem Äther bei einer Temperatur von 17° das spez. Gewicht 0,717 gefunden, so hat dieser Äther bei der Normaltemperatur 15° das spez. Gewicht 0,720.

Übungspräparate.

Äther, spez. Gew.	0,720,
Chloroform, spez. Gew. . .	1,485 bis 1,489,
Glyzerin, spez. Gew. . . .	1,225 bis 1,235,
Spiritus, spez. Gew. . . .	0,830 bis 0,834,
Alkohol, absolut, spez. Gew. .	0,796 bis 0,797.

Verdünnung auf ein geringeres spezifisches Gewicht. Am einfachsten gestaltet sich die Aufgabe, wenn man aus dem spez. Gewichte mit Hilfe von Tabellen oder

Umrechnungstabelle für Grade Baumé und spez. Gew. bei 15° C.

a) Schwerere Flüssigkeiten als Wasser.

Spez. Gew.	Baumé	Spez. Gew.	Baumé	Spez. Gew.	Baumé	Spez. Gew.	Baumé
1,000	0	1,230	26,9	1,460	45,4	1,690	58,9
1,010	1,4	1,240	27,9	1,470	46,1	1,700	59,5
1,020	2,7	1,250	28,8	1,480	46,8	1,710	60,0
1,030	4,1	1,260	29,7	1,490	47,4	1,720	60,4
1,040	5,4	1,270	30,6	1,500	48,1	1,730	60,9
1,050	6,7	1,280	31,5	1,510	48,7	1,740	61,4
1,060	8,0	1,290	32,4	1,520	49,4	1,750	61,8
1,070	9,4	1,300	33,3	1,530	50,0	1,760	62,3
1,080	10,6	1,310	34,2	1,540	50,6	1,770	62,8
1,090	11,9	1,320	35,0	1,550	51,2	1,780	63,2
1,100	13,0	1,330	35,8	1,560	51,8	1,790	63,7
1,110	14,2	1,340	36,6	1,570	52,4	1,800	64,2
1,120	15,4	1,350	37,4	1,580	53,0	1,810	64,6
1,130	16,5	1,360	38,2	1,590	53,6	1,829	65,0
1,140	17,7	1,370	39,0	1,600	54,1	1,830	65,5
1,150	18,8	1,380	39,8	1,610	54,7	1,837	65,8
1,160	19,8	1,390	40,5	1,620	55,2	1,842	66,0
1,170	20,9	1,400	41,2	1,630	55,8	1,846	66,2
1,180	22,0	1,410	42,0	1,640	56,3	1,852	66,4
1,190	23,0	1,420	42,7	1,650	56,9	1,857	66,6
1,200	24,0	1,430	43,4	1,660	57,4		
1,210	25,0	1,440	44,1	1,670	57,9		
1,220	26,0	1,450	44,8	1,680	58,4		

b) Leichtere Flüssigkeiten als Wasser.

Spez. Gew.	Baumé	Spez. Gew.	Baumé	Spez. Gew.	Baumé	Spez. Gew.	Baumé
1,000	10	0,906	25	0,823	40	0,762	55
0,966	15	0,878	30	0,804	45	0,742	60
0,935	20	0,852	35	0,788	50		

Die Veränderungen der spez. Gewichte einiger Flüssigkeiten bei veränderter Temperatur.

	15°	11°	12°	13°	14°	15°	16°	17°	18°	19°	20°
Äther	0,720	0,725	0,723	0,722	0,721	0,720	0,718	0,717	0,716	0,715	0,714
Alkohol, absolut . . .	0,796—0,797	0,800	0,799	0,799	0,798	0,797	0,796	0,795	0,795	0,794	0,793
„ gewöhnlich . .	0,830—0,834	0,835	0,835	0,834	0,833	0,832	0,831	0,830	0,829	0,828	0,828
„ verdünnt 7+3	0,892—0,896	0,897	0,896	0,896	0,895	0,894	0,893	0,892	0,892	0,891	0,890
Benzin (Petroläther) . .	0,666—0,686	0,680	0,679	0,678	0,677	0,676	0,765	0,674	0,673	0,673	0,672
Chloroform	1,485—1,489	1,494	1,492	1,490	1,489	1,487	1,485	1,483	1,481	1,479	1,477
Kalilauge . , . . .	1,138—1,140	1,141	1,140	1,140	1,140	1,139	1,139	1,138	1,138	1,137	1,137
Natronlauge	1,168—1,172	1,172	1,171	1,171	1,170	1,170	1,170	1,169	1,169	1,169	1,168
Salmiakgeist	0,959—0,960	0,961	0,961	0,961	0,960	0,960	0,960	0,959	0,959	0,959	0,958
Salpetersäure	1,149—1,152	1,154	1,153	1,152	1,152	1,151	1,150	1,150	1,149	1,148	1,148
Salzsäure	1,126—1,127	1,128	1,128	1,127	1,127	1,126	1,126	1,125	1,125	1,124	1,124
Schwefelsäure	1,836—1,841	1,843	1,842	1,841	1,840	1,839	1,838	1,837	1,835	1,834	1,833

	15°	21°	22°	23°	24°	25°	26°	27°	28°	29°	30°
Äther	0,720	0,712	0,711	0,710	0,709	0,708	0,706	0,705	0,704	0,702	0,701
Alkohol, absolut . . .	0,796—0,797	0,792	0,791	0,791	0,790	0,789	0,788	0,787	0,786	0,786	0,785
„ gewöhnlich . .	0,830—0,834	0,827	0,826	0,825	0,824	0,823	0,823	0,822	0,821	0,820	0,819
„ verdünnt 7+3	0,892—0,896	0,889	0,889	0,888	0,887	0,886	0,886	0,885	0,884	0,883	0,883
Benzin (Petroläther) . .	0,666—0,686	0,671	0,670	0,669	0,668	0,666	0,665	0,664	0,663	0,662	0,660
Chloroform	1,485—1,489	1,475	1,473	1,471	1,469	1,467	1,465	1,463	1,461	1,459	1,457
Kalilauge	1,138—1,140	1,136	1,136	1,136	1,135	1,135	1,134	1,134	1,133	1,133	1,132
Natronlauge	1,168—1,172	1,168	1,167	1,167	1,167	1,166	1,166	1,165	1,165	1,164	1,164
Salmiakgeist	0,959—0,960	0,958	0,958	0,958	0,957	0,957	0,957	0,956	0,956	0,955	0,955
Salpetersäure	1,149—1,152	1,147	1,146	1,146	1,145	1,145	1,144	1,143	1,143	1,142	1,141
Salzsäure	1,126—1,127	1,123	1,123	1,122	1,122	1,121	1,120	1,120	1,119	1,119	1,118
Schwefelsäure	1,836—1,841	1,832	1,831	1,831	1,830	1,829	1,828	1,827	1,825	1,824	1,823

durch Titrieren den Prozentgehalt ermitteln kann, mit dem man dann die Berechnung anstellt. Da die Mengen der konzentrierten und der verdünnten Flüssigkeit umgekehrt proportional dem Gehalte sind, so dividiert man den Prozentgehalt der konzentrierten Flüssigkeit durch den Prozentgehalt der darzustellenden verdünnten; der Quotient gibt dann die Menge der verdünnten Flüssigkeit an, welche aus 1 Teil konzentrierter entstehen wird, wie dieses folgende Beispiel zeigen soll. Es ist eine konzentrierte Ammoniakflüssigkeit von dem spez. Gewicht 0,918 und einem Gehalte von 21,2 % Ammoniak auf eine 10 %ige Lösung von dem spez. Gewichte 0,960 zu verdünnen. Es ergibt sich aus dem gesagten $\frac{21,2}{10} = 2,12$; 1 Teil der konzentrierten Ammoniakflüssigkeit liefert also 2,12 Teile der verdünnten.

Nicht so einfach ist dagegen die Aufgabe, wenn Lösungen vorliegen, deren Prozentgehalt sich nur auf weniger einfache Weise ermitteln läßt, von denen also keine Tabellen vorhanden sind. Denn hier ist immer die erste Frage, ob bei der Verdünnung eine wesentliche Zusammenziehung oder Ausdehnung des Volumens eintritt, und nur für den Fall, daß die Zusammenziehung oder Ausdehnung beim Mischen der Flüssigkeiten unwesentlich ist, gilt die Verdünnungsformel

$$x = \frac{p\, s_2 (s - s_1)}{s (s_1 - s_2)},$$

wo x das Gewicht der zuzusetzenden Flüssigkeit vom spez. Gewicht s_2, p das Gewicht der zu verdünnenden Flüssigkeit vom spez. Gewicht s und s_1 das spezifische Gewicht der gewollten Verdünnung bedeutet, nach folgendem Beispiel:

$$p = 5{,}000, \quad s = 1{,}300, \quad s_1 = 1{,}236,$$
$$s_2 = 1{,}000 \text{ (Wasser)},$$

dann ist

$$x = \frac{5 \times 1\,(1{,}300 - 1{,}236)}{1{,}300\,(1{,}236 - 1{,}000)} = \frac{6.500 - 6{,}180}{0{,}3068} = 1{,}0430.$$

Zu 5,000 kg der starken Flüssigkeit vom spez. Gewicht 1,300 müssen 1,0430 kg Wasser zugesetzt werden, um das spez. Gewicht 1,236 zu erhalten.

Berechnung der Gewichtsmengen aus den Volummengen und umgekehrt. Multipliziert man die Volummenge mit dem der Flüssigkeit zukommenden spez. Gewichte, so erhält man das absolute Gewicht derselben. Dividiert man das absolute Gewicht durch das spez. Gewicht, so erhält man die Volummenge.

Beispiel: 1 Liter Äther vom spez. Gewicht 0,720 wiegt $1 \times 0{,}720 = 0{,}720$ kg; 1 kg Äther vom spez. Gewicht 0,720 mißt $\frac{1}{0{,}720} = 1{,}3888$ Liter.

Schmelzpunkt und Erstarrungspunkt. Unter Schmelzpunkt (abgekürzt F = Fusionspunkt, Smp. usw.) versteht man die Temperatur, bei welcher ein fester Körper in den flüssigen Aggregatzustand übergeht, unter Erstarrungspunkt (E.P. = Eispunkt) diejenige Temperatur, bei welcher ein flüssiger Körper fest wird. Bei reinen Substanzen liegen Schmelzpunkt und Erstarrungspunkt zusammen. Die Bestimmung dieser Punkte dient zur Charakterisierung der Substanzen und wird darum stets zur Prüfung derselben auf Identität und Reinheit ausgeführt.

Geringe Verunreinigungen und Feuchtigkeit verändern den Schmelzpunkt. Darum ist bei einer Schmelzpunktbestimmung zunächst nötig, daß die zu prüfende Substanz vorher getrocknet wurde. Es geschieht dieses dadurch, daß man die fein gepulverte Substanz vorher in einem Exsikkator über Schwefelsäure oder einem anderen Trocknungsmittel längere Zeit (wenigstens 24 Stunden) oder in einem Trockenschranke bei höherer Temperatur (etwa 100°) hat stehen lassen; etwas allgemeines läßt sich über die Art des Trocknens nicht sagen, da jede beliebige Substanz jede beliebige Art des Trocknens nicht vertragen kann. So gibt es z. B. Substanzen, die eine Veränderung erleiden, wenn sie in den Exsikkator über Schwefelsäure gestellt werden (S. 76).

Die Bestimmung des Schmelzpunktes wird gewöhnlich in einem dünnwandigen, am unteren Ende zugeschmolzenen Glasröhrchen von höchstens 1 mm lichter Weite ausgeführt; in dieses bringt man soviel der gepulverten und getrockneten Substanz (s. o.), daß sich nach dem Zusammenrütteln eine auf dem Boden des Röhrchens

Fig. 1.
Schmelzpunktsbestimmungsapparat.
Derselbe besteht aus einem langhalsigen Rundkolben von 80 bis 100 ccm Inhalt, in dessen Hals ein etwa 15 mm weites und etwa 30 cm langes Reagenzrohr steckt. Im Kolben und Reagenzrohr befindet sich eine hochsiedende Flüssigkeit und zwar im Kolben so viel, daß nach dem Einbringen des Reagenzrohres die hochsiedende Flüssigkeit, z. B. Schwefelsäure, etwa zwei Drittel des Halses füllt, im Reagenzrohr dagegen etwa 5 cm hoch; dabei muß das oben offene Ende des Schmelzpunktröhrchens aus der Schwefelsäure herausragen. Der Kolben wird ohne Verwendung eines Drahtnetzes erwärmt. Zur Herstellung der Schmelzpunktröhrchen lassen sich sehr gut die Reagenzröhren verwenden, deren Boden einen Sprung bekommen hat; dieselben werden auf der Gebläselampe in der vorgeschriebenen Weite ausgezogen. — Bringt man nur in den Kolben, nicht aber in das Reagenzrohr die hochsiedende Flüssigkeit, so kommt der Apparat dem Rothschen Apparat gleich. Die Erwärmung des Schmelzröhrchens geschieht dann durch die im Reagenzrohr erhitzte Luft. Die beiden Stopfen haben Einkerbungen, damit die Luft beim Erwärmen entweichen kann.

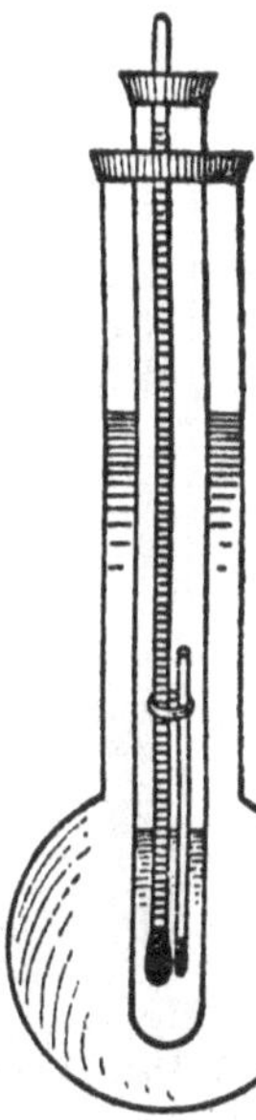

2 bis höchstens 3 mm hohe stehende Schicht bildet. Das Röhrchen wird hierauf an einem geeigneten Thermometer derart befestigt, daß sich die Substanz in gleicher Höhe mit dem Quecksilbergefäß des Thermometers befindet. Das Erwärmen der Probe geschieht in dem sog. Schmelzpunktapparate. Es gibt deren mehrere Konstruktionen, bei denen das Ansteigen der Temperatur entweder durch erhitzte Luft (Rothscher Apparat) oder durch eine erhitzte

hochsiedende Flüssigkeit, z. B. Schwefelsäure (Verfahren des Deutschen Arzneibuchs 5. Ausgabe) oder Paraffinöl bewirkt wird (Fig. 1). Von 10° unterhalb des zu erwartenden Schmelzpunktes wird die Temperatur so langsam gesteigert, daß zur Erhöhung um 1° mindestens eine halbe Minute erforderlich ist. Die Temperatur, bei der die undurchsichtige Substanz durchsichtig wird und zu durchsichtigen Tröpfchen zusammenfließt, ist als der Schmelzpunkt anzusehen.

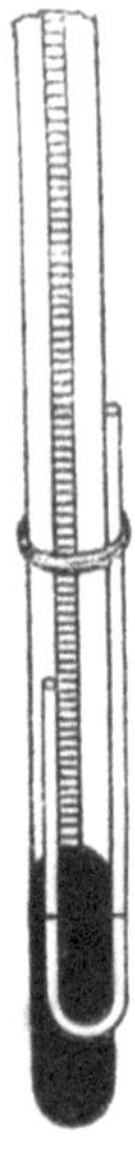

Fig. 2.
Ein am Thermometer befindliches U-förmiges Schmelzpunktbestimmungsröhrchen mit einer fettartigen Substanz.

Übungspräparate.

Acetanilid,	Schmelzp.	113—114°,
Phenacetin,	„	134—135°,
Kampfersäure	„	186°,
Atropin	„	115,5°,
Koffein	„	234—235°.

Den ermittelten Schmelzpnnkt nennt man den *unkorrigierten Schmelzpunkt*; denn er zeigt den wahren Schmelzpunkt nur annähernd an. Zur Ermittelung des letzteren ist der erstere unter Berücksichtigung der Länge des nicht erwärmten Teils des Quecksilberfadens und der Temperatur des Außenraumes unter Benutzung der im Abschnitt „Temperatur" (S. 30) angegebenen Formel zu korrigieren. Für die gewöhnlichen Festsetzungen genügt die Bestimmung des unkorrigierten Schmelzpunktes vollkommen.[1]

[1] Genau genommen hängt der Schmelzpunkt auch vom Barometerstande ab (vgl. Siedepunkt). Die Beeinflussung ist aber so gering, daß sie für chemische Feststellungen unbeachtet bleibt.

Bei Fetten und fettähnlichen Substanzen läßt sich in der angegebenen Art der Schmelzpunkt nicht bestimmen. In solchen Fällen wird die Substanz zuerst geschmolzen und dann in ein an beiden Enden offenes Glasröhrchen von $^1/_2$ bis 1 mm lichter Weite von U-Form aufgesaugt (Fig. 2), so daß die Flüssigkeit in beiden Schenkeln gleich hoch steht. Dann wird das Glasröhrchen 2 Stunden lang auf Eis oder 24 Stunden lang bei 10° liegen gelassen, um den Inhalt völlig zum Erstarren zu bringen. Darauf befestigt man das Röhrchen an das Thermometer in gleicher Weise wie vorher, taucht das Ganze in ein etwa 3 cm breites Probierrohr oder in ein Becherglas, in dem sich Wasser oder ein Gemisch von gleichen Teilen Wasser und Glyzerin befindet und erwärmt dieses sehr langsam. Die Temperatur, bei der das Fettsäulchen vollkommen klar und durchsichtig geworden ist, ist als der Schmelzpunkt anzusehen.

Übungspräparate.

Hammeltalg,	Schmelzp.	45—50°
Wachs, weißes	„	64—65°
Walrat	„	45—54°
Paraffin	„	68—72°.

Zur Bestimmung des **Erstarrungspunktes** werden etwa 10 g des zu untersuchenden Stoffs in einem Probierrohr, in dem sich ein geeignetes Thermometer befindet, vorsichtig geschmolzen. Durch Eintauchen in Wasser, dessen Temperatur etwa 5° niedriger als der zu erwartende Erstarrungspunkt ist, wird die Schmelze auf etwa 2° unter dem Erstarrungspunkt abgekühlt und darauf durch Rühren mit dem Thermometer, nötigenfalls durch Einimpfen eines kleinen Kristalls des zu untersuchenden Stoffes (s. Kristallisieren), zum Erstarren gebracht. Der während des Erstarrens beobachtete höchste Stand der Quecksilbersäule des Thermometers ist als der Erstarrungspunkt anzusehen. Erklärend ist dabei zu bemerken, daß der

Übergang eines Körpers aus dem flüssigen Aggregatzustand in den festen wegen der Abgabe der sog. latenten Wärme (S. 27) stets mit einer Temperaturzunahme verbunden ist; darum wird bei der Bestimmung des Erstarrungspunktes die höchste Temperatur, die das Thermometer beim Erstarren zeigt, als die maßgebliche angesehen.

Übungspräparate.

Karbolsäure, reine,	Erstarrungspunkt	39—41°
Thymol	"	49—50°
Essigsäure (96 %ig)	"	nicht unter 9,5°.

Substanzen, deren Schmelzpunkt oder Erstarrungspunkt festgestellt werden soll, müssen während ihrer Aufbewahrung allen Einflüssen entzogen bleiben, die auf die Punkte wirken; sie werden darum für die Zeit der Aufbewahrung stets staub- und feuchtigkeitssicher, also z. B. in Exsikkatoren aufbewahrt. Bei der Bestimmung der Schmelzpunkte ergeben sich mitunter nicht übereinstimmende Resultate; es kann dieses von verschiedenen Umständen abhängen, z. B. 1. von der Art des Apparates, 2. von der Art des Erhitzens, 3. von der Weite und der Dicke der Kapillare, in der sich die Substanz befindet, 4. von der Verteilung der Substanz in der Kapillare, insofern Zwischenräume von Luft die Schmelzung verzögern. Daraus folgt, daß die Schmelzpunktbestimmungen möglichst unter gleichbleibenden Verhältnissen ausgeführt werden sollen.

Siedepunkt. Alle Flüssigkeiten haben die Fähigkeit, mehr oder minder leicht, auch bei niederen Temperaturen zu verdampfen, d. h. sich in ein Gas zu verwandeln. Den Druck, den der Dampf dabei auf seine Umhüllung ausübt, nennt man den Dampfdruck; derselbe wird gemessen durch die Höhe einer Quecksilbersäule, der sie das Gleichgewicht halten. In dem Augenblick, wo der Dampfdruck den Druck der Atmosphäre (760 mm) überwindet, gerät die Flüssigkeit in den Zustand, den man das Sieden nennt; man spricht dann vom Siedepunkt der Flüssigkeit. Wie die Bestimmung des Schmelz- und Erstarrungspunktes, so dient auch die Bestimmung des Siedepunktes (abgekürzt Kp. = Kochpunkt) zur Charakterisierung der Substanzen, und sie wird ebenfalls stets zur Prüfung auf die Reinheit der Substanz ausgeführt.

Zur Ermittelung des Siedepunktes kann man zwei Wege einschlagen.

Handelt es sich um reine Substanzen und darum, die Identität festzustellen, so verfährt man in folgender Weise. Man bedient sich des Apparates wie bei der Schmelzpunktbestimmung, indem man an dem Thermometer in der gleichen Weise ein dünnwandiges, an einem Ende zugeschmolzenes Glasröhrchen von 3 mm lichter Weite befestigt und in dieses 1—2 Tropfen der zu untersuchenden Flüssigkeit sowie zur Verhütung des Siedeverzugs ein unten offenes Kapillarröhrchen gibt, das in einer Entfernung von 2 mm vom eintauchenden Ende eine zugeschmolzene Stelle besitzt. Den Zweck dieses Kapillarröhrchens erkennt man aus dem S. 55 im Abschnitt „Destillieren" Gesagten (Fig. 3).

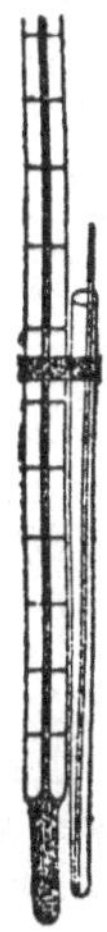

Fig. 3. Siedepunktbestimmung nach Siwoloboff.

Man verfährt alsdann weiter wie bei der Bestimmung des Schmelzpunktes. Die Temperatur, bei der aus der Flüssigkeit eine ununterbrochene Reihe von Bläschen aufzusteigen beginnt, ist als der Siedepunkt anzusehen (Deutsches Arzneibuch). Bei dieser Methode von Siwoloboff ist der Fehler nahezu 1°.

Soll die Bestimmung des Siedepunktes zur Reinheitsprüfung eines Stoffes dienen, so destilliert man 50 ccm desselben aus einem Siedekölbchen (Destillierkölbchen) von 75—80 ccm Rauminhalt. Das Quecksilbergefäß des Thermometers muß sich 1 cm unterhalb des Abflußrohres des Siedekölbchens befinden. Zur Verhütung des

Siedeverzugs (s. Destillieren) bringt man vor dem Erhitzen ein kleines Siedesteinchen, (d. i. Stück eines Tonscherbens) in die Flüssigkeit. Zum Kühlen der entweichenden Dämpfe dient entweder eine etwa 50 cm lange Glasröhre (Luftkühlung) oder ein Liebigscher Kühler (Wasserkühlung). Das Destillat wird in einem passend großen Gefäße (Kolben, Flasche) aufgefangen. Das Erhitzen wird im Luftbade vorgenommen. Fast die gesamte Flüssigkeit muß innerhalb der Temperaturgrenzen, in denen die Flüssigkeit sieden soll, überdestillieren. Vorlauf, d. i. der zuerst und bei niederer Temperatur übergehende Anteil, und Rückstand, d. i. der bei höherer Temperatur übergehende Anteil, dürfen nur ganz gering sein.

Übungspräparate.

Äther, spez. Gew. 0,720,	Siedepunkt	35°
Chloroform	„	60—62°
Paraldehyd	„	123—125°
Benzaldehyd	„	177—179°
Petroläther	„	50—75°.

Zu der Methode ist noch folgendes zu bemerken. Das Einfüllen der zu prüfenden Flüssigkeit in den Destillierkolben geschieht mit Hilfe eines Trichterrohrs. An dem gefundenen Siedepunkt ist, wenn Veranlassung dazu vorliegt, die gleiche Korrektur wie bei der Schmelzpunktbestimmung (s. d.) anzubringen. Da der Siedepunkt von dem Barometerstand abhängig ist, so ist der gefundene Wert auch dann noch kein genauer. Zu genauen Bestimmungen ist noch eine weitere Korrektur anzubringen, durch welche der gefundene Siedepunkt auf den Normalbarometerstand 760 mm bezogen wird. Im allgemeinen trifft es da zu, daß für je 5 mm Atmosphärendruck über oder unter dem Normaldruck von 760 mm der Siedepunkt um 0,3° zu- bzw. abnimmt. Wird z. B. der Siedepunkt bei 760 mm bei 200° gefunden, so wird er bei 755 mm bei 199,7°, bei 750 mm bei 199,4° und bei 765 mm zu 200,3° gefunden werden.

Farbe und Geruch. Bei der Beschreibung der Farbe wird, soweit es möglich ist, der Vergleich mit den Hauptfarben (Spektralfarben): Rot, Orange, Gelb, Grün, Blau, Indigo, Violett angestellt und die Tönung nach der einen oder anderen Farbe hin derart zum Ausdruck gebracht, daß z. B. gelbgrün bedeutet, daß die Hauptfarbe grün und die Tönung gelb ist, während grüngelb das Umgekehrte besagt. Wo ein Vergleich mit den Spektralfarben nicht ausreicht, bedient man sich der anderen üblichen Bezeichnungen: weiß, grau, grauweiß, hellblau, dunkelrot, schwarz, braun usw. Darin liegt immer eine Unsicherheit.

Bei der Angabe des Geruchs wird die Unsicherheit durch die individuelle Auffassung des Beobachters noch größer, da der Vergleich noch willkürlicher, manchmal auch unmöglich ist. Wo ein Vergleich mit einem andern bekannten Geruch möglich ist, wird er gemacht, z. B. Fliedergeruch usw.; sonst wird er so beschrieben, wie es eben nur möglich ist, z. B. stechend, erstickend, zum Husten reizend usw. Bei der Geruchsprobe ist Vorsicht nötig. Man hüte sich, bei unbekannten Substanzen den Geruch voll aufzunehmen, sondern begnüge sich damit, von dem Geruch der Substanz mit der Hand sich etwas zuzufächeln.

Geschmack. Ohne zwingende Gründe unterlasse man die Geschmacksprobe; jedenfalls führe man sie nie an unverdünnten Substanzen aus und vermeide unter allen Umständen, von der in den Mund genommenen Probe etwas herunterzuschlucken, wenn die Ungiftigkeit der Substanz nicht zweifelsfrei feststeht.

Löslichkeit. Wir haben zweierlei zu unterscheiden: 1. ob eine Substanz die angegebene Löslichkeit besitzt, und 2. wie groß die Löslichkeit einer Substanz ist. In dem ersten Falle handelt es sich um eine Kontrolle, im zweiten Falle um eine neue Feststellung. Die Prüfung auf die vorgeschriebene Löslichkeit, wie sie fast alle Arzneibücher aufgenommen haben, wird genau der Vorschrift entsprechend ausgeführt; es darf also z. B. zum Lösen kein warmes Wasser genommen werden, um dann abzuwarten, ob bei der Abkühlung auf die vorgeschriebene Temperatur eine klare Lösung bestehen bleibt. Man verfährt vielmehr so, daß man eine abgewogene Menge der verriebenen Substanz in ein Reagenzrohr bringt, mit der notwendigen Menge des Lösungsmittels übergießt und die Mischung mit einem Glasstabe verrührt. Es muß eine klare Lösung eintreten.

Bei der Feststellung der Größe der Löslichkeit einer Substanz verfährt man so, daß man eine warm gesättigte Lösung bereitet, diese auf die Temperatur, bei der die Löslichkeit festgestellt werden soll, unter Umrühren erkalten läßt, nach einigen Stunden filtriert und einen abgewogenen Teil des Filtrats, dessen Temperatur wieder bestimmt worden ist, in einer tarierten Schale verdampft. Ob der Verdampfungsrückstand im Trockenschranke getrocknet werden muß, hängt von der jedesmaligen Sachlage ab. Ein Umrühren während des Erkaltens geschieht, um die Bildung einer übersättigten Lösung zu vermeiden. Hat man z. B. so gefunden, daß beim Abdampfen von 10 g Filtrat 1 g Rückstand geblieben ist, so betrug die Löslichkeit 1 Teil in 9 Teilen des Lösungsmittels.

Das optische Verhalten. Die Fähigkeit, die Schwingungsebene des polarisierten Lichtes zu drehen, kommt nur organischen Verbindungen zu und nur solchen, denen eine besondere räumliche Anordnung der Atome im Molekül zugeschrieben werden muß. Die Erkenntnis dieser wechselseitigen Beziehung zwischen optischem Verhalten und räumlicher Atomgruppierung ist für die Entwickelung der organischen Chemie ungemein fruchtbringend gewesen, meist allerdings auf dem theoretischen Gebiete, indem man veranlaßt wurde, die theoretisch möglichen Raumisomeren bekannter Verbindungen darzustellen und nach weiteren Verbindungen, bei denen man Raumisomerie erwarten konnte, zu suchen. Eine praktische Ausnutzung des Erworbenen erfolgte dann, als man anfing, die Raumisomeren auf ihre Wirksamkeit zu prüfen und darin mit dem älteren Vorbilde zu vergleichen. So mußte dort, wo man Wirkungsunterschiede fand, das optische Verhalten zu einem Eigenschaftskriterium werden, das nicht mehr zu entbehren war. Der Apparat, der zu diesen Feststellungen dient, ist der Polarisationsapparat.

Älteren Datums ist die Benutzung des Polarisationsapparates zur Feststellung der Drehungswerte natürlich vorkommender Verbindungen, insbesondere der Kohlenhydrate, der mit diesen verwandten Glukoside, des Kampfers, der ätherischen Öle, der Alkaloide und einiger anderer Verbindungen. Der gemachten Beobachtung einen zahlenmäßigen Ausdruck geben zu müssen, übersah man dabei häufig; man begnügte sich damit, daß die untersuchte Substanz aktiv oder inaktiv, rechts- oder linksdrehend war. Nur bei den Kohlenhydraten und bei den Chinaalkaloiden war man weiter gegangen und sogar an die letzte Frage herangetreten, wie sich auf das optische Verhalten eine quantitative Bestimmungsmethode könne aufbauen lassen.

Aus dieser Übersicht ersieht man, daß das optische Verhalten benützt wird

1. zu wissenschaftlichen Eigenschaftsfeststellungen,
2. zu Reinheitsprüfungen und Identifizierungen,
3. zu quantitativen Bestimmungen.

Bezüglich der physikalischen Grundlage der optischen Erkennungsmethode und der Einrichtung des Polarisationsapparates muß auf andere Literatur verwiesen werden, insbesondere auf Landolts „Optisches Drehungsvermögen“.

Es soll hier nur ganz allgemein erwähnt werden, daß auf die Größe der Drehung (des Drehungswinkels) von Einfluß ist

1. die Dicke der durchstrahlten Schicht (Länge der Beobachtungsröhre),

2. die Wellenlänge des Strahles, ob Natriumlicht (Strahl *D*) oder ein anderes Licht, z. B. Gaslicht (*j* = jaune moyen),

3. die Temperatur der zu polarisierenden Flüssigkeit,

4. die Natur des Lösungsmittels (Wasser, Alkohol, Chloroform usw.),

5. die Konzentration der Lösung.

Ferner ist zu erwähnen, daß auch bei Berücksichtigung aller dieser Einflüsse die bei verschiedenen Substanzen beobachteten Drehungsvermögen doch keine Vergleiche zulassen. Denn infolge der verschiedenen Dichtigkeit der Beobachtungsflüssigkeiten (ätherische Öle, Kampferlösung usw.) wirken ganz ungleiche Massen aktiver Moleküle auf den Strahl ein. Darum hat man die Drehungen auf eine Einheit zurückzuführen und als solche dient die Dichte 1. So kommt man zu einem errechneten Werte, den man spezifisches Drehungsvermögen nennt und der diejenige Drehung angibt, welche 1 g Substanz in 1 ccm Lösung in einer Schicht von 1 dm zeigt.

Unter molekularem Drehungsvermögen versteht man die Drehung, welche das Molekulargewicht, verteilt auf 1 ccm, in einer Schicht von 1 dm Länge hervorruft; man berechnet dasselbe durch Multiplikation von $[\alpha]$ mit dem Molekulargewichte und dividiert, um zu große Zahlen zu vermeiden, das Produkt durch 100.

Das Drehungsvermögen, wie es direkt beobachtet wird, wird durch den Buchstaben α, das spezifische Drehungsvermögen durch das Zeichen $[\alpha]$, das molekulare Drehungsvermögen durch das Zeichen $[M]$, eine Linksdrehung durch das Minuszeichen — und eine Rechtsdrehung durch das Pluszeichen + ausgedrückt. Das spezifische Drehungsvermögen wird berechnet bei flüssigen aktiven Körpern nach der Formel

$$[\alpha]_{D\,t} = \frac{\alpha}{l.d},$$

bei festen aktiven Körpern, welche in einem inaktiven Lösungsmittel zu 100 g Gesamtlösung gelöst sind, nach der Formel

$$[\alpha]_{D\,t} = \frac{\alpha . 100}{l . p . d},$$

oder wenn sie zu 100 ccm Gesamtlösung gelöst sind, nach der Formel

$$[\alpha]_{D\,t} = \frac{\alpha . 100}{l . p},$$

wo t die Temperatur, l die Länge der angewandten Beobachtungsröhre in Dezimetern, d die Dichtigkeit der drehenden Flüssigkeit und p die Menge der gelösten Substanz bedeutet. Da in dem einen Falle 100 eine Gewichtsmenge, in dem anderen Falle ein Volumen angibt, so ist in dem ersteren Falle α kleiner als in dem andern Falle, wo die Konzentration eine größere ist; zur Umrechnung von Gewicht auf Volumen wird darum die Dichtigkeit in die Formel eingesetzt. Schreibt also z. B. das Deutsche Arzneibuch, daß für eine 15 %ige Lösung der Kampfersäure in absolutem Alkohol $[\alpha]_D^{20^\circ} = + 47,35^\circ$ sein soll, so ergibt sich, daß zur Berechnung dieses Wertes die Formel

$$[\alpha]_D^{20^\circ} = \frac{\alpha . 100}{l . p . d}$$

benutzt werden muß.

Für arzneilich angewandte Waren gelten die in den Arzneibüchern angegebenen Zahlen und Normen. So sagt das Deutsche Arzneibuch, daß sich die Zahlen auf Natriumlicht, und wenn nichts anderes angegeben ist, auf eine Temperatur von 20° beziehen; bei den ätherischen Ölen handelt es sich um den unmittelbar abgelesenen Drehungswinkel im 100 Millimeterrohr $\alpha_D^{20^\circ}$, dagegen bei anderen namentlich genannten Waren um die spezifische Drehung $[\alpha]_D^{20^\circ}$.

Der kristallinische und der amorphe Zustand. Bei einer sehr großen Zahl von festen Substanzen fällt auf, daß sie durch scharf ausgeprägte Flächen gekennzeichnete Gebilde sind und daß die gleichen Gebilde bei derselben Substanz immer beobachtet werden. Bei anderen Substanzen fehlt diese Eigenartigkeit; ihre äußere Form zeigt etwas Unregelmäßiges, das jedenfalls frei von ausgeprägten Flächen ist. Die ersteren Substanzen nennt man kristallinisch oder kristallisiert, die Gebilde selbst Kristalle. Die anderen Substanzen nennt man amorph. Ob eine Substanz kristallinisch oder amorph ist, läßt sich mit dem bloßen Auge nicht immer einwandfrei erkennen; zur Feststellung des Äußeren muß man sich dann der Lupe oder des Mikroskops bedienen. Die Angabe dieses Zustandes gehört mit zur Beschreibung der Körper.

Die Überführung in den kristallisierten Zustand ist bei präparativen Arbeiten stets das Ziel der Chemiker gewesen. Denn der kristallisierte Zustand gibt den Chemikern erfahrungsgemäß immer eine größere Gewähr für die Reinheit einer Substanz als der amorphe Zustand. Das ist um so mehr der Fall, wenn die Substanz wiederholt umkristallisiert worden ist, d. h. wenn man die einmal erhaltenen Kristalle wieder mit Hilfe eines reinen Lösungsmittels in Lösung gebracht und aus dieser Lösung wieder Kristalle gezogen, diese wieder mit reinem Lösungsmittel gelöst, aus der nochmaligen Lösung nochmals Kristalle gezogen und mit Lösen und Kristallisieren so lange fortgefahren ist, als man es unter den gegebenen Verhältnissen für nötig hielt. Bei diesem Kristallisieren und Umkristallisieren verfährt man so, daß man die Substanz mit einer zur Erzielung einer vollständigen Lösung unzureichenden Menge des Lösungsmittels übergießt, das Ganze vorsichtig erwärmt und nun nach und nach so viel Lösungsmittel noch hinzufügt, bis eben eine völlige Lösung eingetreten ist. Beim Abkühlen der filtrierten Lösung erfolgt die Kristallisation. Manchmal verzögert sich das Eintreten derselben; es hat sich dann eine übersättigte Lösung gebildet, d. i. eine Lösung, welche mehr von dem Stoffe gelöst enthält, als sie sonst bei dieser Temperatur zu lösen vermag. In diesem Falle wendet man den Kunstgriff an, daß man in die Lösung einen kleinen Kristall der zu erzielenden Substanz, wenn ein solcher noch zur Verfügung steht, hineinbringt (oder, wie man sagt, die Lösung damit impft) oder daß man die Wand des Gefäßes, in dem sich die Lösung befindet, in dieser mit einem scharfkantigen Glasstabe kurze Zeit reibt. Durch diese Kunstgriffe wird ein Reiz auf die Lösung ausgeübt, der die Kristallisation einleitet. Man spricht hier von einer Störung des labilen oder metastabilen Gleichgewichts, in dem sich die Lösung befunden hat. Die erzielten Kristalle werden mit kleinen Mengen des reinen Lösungsmittels wieder abgewaschen, um die letzten Reste der abgegossenen bzw. abfilfrierten Lösung, der sog. Mutterlauge, zu beseitigen und dann in der Art getrocknet, wie es unter den gegebenen Verhältnissen zweckmäßig ist.

Vielfach wird das Kristallisieren in der Art vorgenommen, daß man der Lösung der Substanz eine Flüssigkeit hinzusetzt, die sich mit dem genommenen Lösungsmittel mischt und gleichzeitig ein schwächeres Lösungsmittel als dieses ist. So setzt man den heißen alkoholischen und essigsauren Lösungen organischer Verbindungen etwas Wasser bis zur beginnenden Trübung und wäßrigen Lösungen anorganischer Salze Alkohol hinzu und läßt dann kristallisieren.

Durch Eindampfen der Mutterlauge und Beiseitestellen des Eingedampften kann man weitere Kristalle, eine sog. zweite Kristallisation, durch nochmaliges Eindampfen eine dritte Kristallisation usw. erreichen. Derartige spätere Kristallisationen haben um so weniger Anspruch auf Reinheit, je später sie in der Reihenfolge zustande gekommen sind.

Arbeitsmethoden.

Ausschütteln. Ausschütteln heißt die Operation, welche bezweckt, einen in einer Flüssigkeit gelösten oder suspendierten Stoff durch Schütteln mit einer andern Flüssigkeit, die sich mit der ersteren nicht mischt, in diese überzuführen. Solche nicht mischbare Flüssigkeiten sind einerseits Wasser und anderseits Äther, Chloroform, Benzol, Petroläther u. a. Die Ausschüttlung kleiner Flüssigkeitsmengen wird meist mit Hilfe von Scheidetrichtern ausgeführt.

Beim Ausschütteln ist wie bei dem Auswaschen (s. Filtrieren) zu berücksichtigen, daß in der ursprünglichen Flüssigkeit immer ein kleiner Anteil des auszuschüttelnden Stoffes verbleibt. Das kommt schon dadurch, daß die Ausschüttlungsflüssigkeiten in Wasser, mit dem man es meist zu tun hat, nicht vollständig unlöslich sind oder sich in dem Wasser noch etwas verteilt halten. Das Ausschütteln ist somit mehrmals zu wiederholen. Auch muß die Ausschüttlung jedesmal einige Zeit (etwa 2 bis 30 Minuten) je nach der Menge der Flüssigkeit andauern. Die Ausschüttlung geht um so rascher vor sich, je mehr die Ausschüttlungsflüssigkeit die auszuschüttelnde Flüssigkeit überwiegt.

Bei der Ausschüttlung von Alkaloiden, die aus ihren Salzen durch Alkalien freigemacht worden sind, ist darauf zu achten, daß reichlich Alkali hinzugegeben war.

Beim Ausschütteln treten mitunter höchst lästige Nebenerscheinungen ein, indem die Trennung der Flüssigkeiten infolge Emulsionsbildung, d. i. Bildung schleimiger Schichten, sich nur langsam vollzieht. Diese Mißstände treten mit Vorliebe bei Anwesenheit fettiger, schleimiger und schäumender Stoffe ein und können das Resultat fraglich machen, wenn der auszuschüttelnde Stoff, wie das bei Alkaloiden der Fall sein kann, beim längeren

Verbleiben in der Mischung einer Zersetzung unterliegt. Anweisungen, wie man in diesen Fällen zu verfahren hat, kann man nicht geben.

Nach dem Ausschütteln wird die Ausschüttlungsflüssigkeit, um den Rest der anhaftenden anderen zu beseitigen, mit wenig der reinen Flüssigkeit nachgewaschen, die in der auszuschüttelnden der Hauptanteil war, z. B. Chloroform und Äther u. a. mit Wasser und umgekehrt.

Destillieren. Unter Destillieren (Destillation) versteht man das Verfahren, eine Flüssigkeit durch Wärmezufuhr in Dampf zu verwandeln und diesen durch Abkühlung wieder zu einer Flüssigkeit zu verdichten. Die Apparate, die man zu dem Verfahren benutzt, nennt man Destillierapparate; an denselben sind 3 Teile zu unterscheiden: das Destillationsgefäß, in welchem die Flüssigkeit erhitzt wird, die tiefer gestellte Kühlvorrichtung, durch welche die Dämpfe verdichtet werden und die Vorlage zum Aufsammeln der verdichteten Dämpfe, des Destillats (vgl. hierzu Bestimmung des Siedepunkts). Die Erhitzung der Destillationsgefäße geschieht bei niedrig siedenden Flüssigkeiten auf dem Dampf- oder Wasserbade, bei höher siedenden Flüssigkeiten im Öl- oder Sandbade oder über freiem Feuer mit untergelegtem Drahtnetz. Die Kühlung (also auch die Kondensation) der Dämpfe geschieht in der Regel durch Wasser in der Art, daß man das Rohr, durch welches die Dämpfe gehen, beständig von Wasser, das sich in einer den Dämpfen entgegengesetzten Richtung bewegt, umfließen läßt. Bei sehr niedrig siedenden Flüssigkeiten ist mitunter noch eine Kühlung des Destillats nötig (Fig. 4); bei sehr hochsiedenden Flüssigkeiten genügt oft eine Luftkühlung, die man z. B. dadurch erzielt, daß man zwischen Destillationsgefäß und Vorlage ein weites und genügend langes Rohr als Kühlrohr einschaltet. Die Wasserkühler wirken je nach ihrer Konstruktion mehr oder weniger energisch. Der älteste Kühler dieser Art ist der Liebigsche Kühler. Das aus den Wasserkühlern austretende Wasser ist stark erwärmt, da es die ganze Wärmemenge aufgenommen hat, die der Dampf für seine Abkühlung als meßbare Wärme und für seine Umwandlung in Flüssigkeit als latente (S. 27) Wärme abgab.

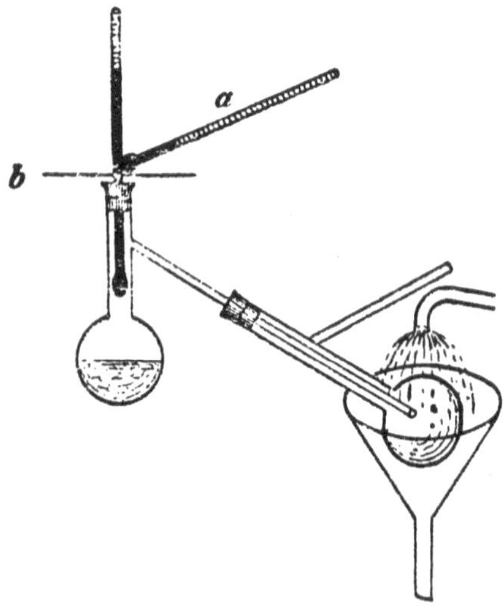

Fig. 4.
Schematische Darstellung eines Destillationsapparates.
Die Vorlage wird durch Wasser gekühlt; a ist das Hilfsthermometer für die Berechnung der anzubringenden Korrektur; b ist eine Pappplatte zur Abhaltung der strahlenden Wärme von dem Hilfsthermometer.

Hatte z. B. der eintretende Dampf (z. B. Wasserdampf) die Temperatur von 100° und das Destillat die Temperatur von 20°, so wurden, wenn die latente Wärme des Dampfes (Wasserdampf) 606 Kalorien beträgt, für jedes Kilogramm Dampf $100 - 20 + 606 = 686$ Kalorien[1] an das Kühl-

[1] Unter einer Kalorie versteht man die Wärmemenge, welche zur Erwärmung von 1 kg Wasser um 1° nötig ist.

wasser abgegeben. Für dauernden Zufluß des Kühlwassers ist somit Sorge getragen.

Obgleich jede Flüssigkeit bei einer bestimmten Temperatur siedet (s. Siedepunkt), kann doch der Fall eintreten, daß die Flüssigkeit erst bei einer höheren Temperatur zu sieden beginnt. Es kommt dann unter heftigem Stoßen der Flüssigkeit und Erschütterung des ganzen Apparates zu einer plötzlichen Entwicklung größerer Dampfblasen und man spricht von einem Siedeverzug (vgl. Siedepunkt). Um diesen zu vermeiden, bringt man Gegenstände, an deren Oberfläche Luft adhäriert (Platinspiralen) oder die lufthaltig sind, z. B. Bimssteinstückchen, Sand, Glaskapillaren, die an einem Ende zugeschmolzen sind, oder dünne Holzstäbchen in die Flüssigkeit, oder man leitet einen schwachen Luftstrom hindurch.

Handelt es sich bei der Destillation darum, ein Flüssigkeitsgemenge in seine flüchtigen Bestandteile zu zerlegen, so ist im Destillationsgefäß ein Thermometer anzubringen, dessen Quecksilberbehälter aber nie in die Flüssigkeit hineinragen darf, sondern sich über der siedenden Flüssigkeit und in der Nähe der Stelle befinden muß, wo die Dämpfe in die Kühlvorrichtung abziehen (vgl. Siedepunkt). Denn es soll nie die Temperatur der siedenden Flüssigkeit gemessen werden, sondern nur die Temperatur des zu verdichtenden Dampfes.

Bei der Trennung eines Flüssigkeitsgemisches in die einzelnen Anteile spricht man von einer fraktionierten Destillation. Dieselbe führt man so aus, daß man zunächst die Anteile, die in kleinen Zwischenräumen, etwa von 10 zu 10 Grad, sieden, vereinigt, dann die Vorlage wechselt, wieder höher siedende Anteile vereinigt, wieder die Vorlage wechselt und so fortfährt, bis die Destillation zu Ende ist. Durch wiederholte Destillation der einzelnen Anteile gelangt man schließlich zu konstant siedenden Produkten. Bei der fraktionierten Destillation wird sonach zunächst damit gerechnet, daß in Flüssigkeitsgemischen Anteile mit höherem Siedepunkt schon anfangen, mit den niedrig siedenden Flüssigkeiten zu verdampfen, weil die Dampfspannung eines Gemisches von sich in jedem Verhältnisse mischenden Flüssigkeiten niedriger ist als die des flüchtigeren Teiles und mit der Quantität der Bestandteile wechselt, was sich äußerlich an dem allmählichen Ansteigen des Thermometers zeigt (vgl. Destillation mit Wasserdampf).

Bei der fraktionierten Destillation trennen sich die Anteile besser, wenn man dem Apparate eine Anordnung

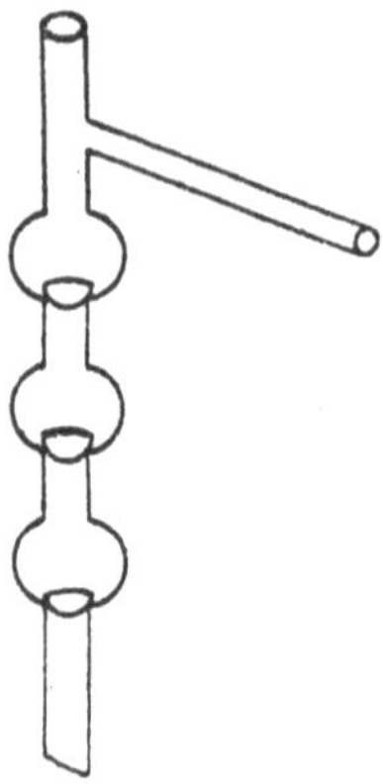

Fig. 5.
Franktionieraufsatz (nach Linnemann).
Die Verengerungen sind durch Platin-siebe geschlossen, in denen sich die an den Kugeloberflächen kondensierten Dämpfe ansammeln. Die angesammelte Flüssigkeit wird von den nachfolgenden Dämpfen durchströmt, infolgedessen die schwerer siedenden Anteile wieder kondensiert werden. Von Zeit zu Zeit muß die Destillation unterbrochen werden, damit die in den Sieben befindliche Flüssigkeit in den Destillierkolben zurückfließen kann.

gibt, daß ein Teil der verdichteten Dämpfe (der höher siedenden Anteile) wieder in das Destillationsgefäß zurückfließen kann (Fig. 5). Man erreicht dieses durch sog. Destillieraufsätze, deren es verschiedene Konstruktionen gibt (z. B. Linnemannscher Aufsatz usw.); diesen Destilllieraufsätzen entsprechen in der Großindustrie die Kolonnenapparate mit Sieb- oder Glockenböden oder Raschigringen.

Da der Siedepunkt vom äußeren Druck abhängt, so läßt er sich sehr leicht erniedrigen, wenn man den äußeren Druck heruntersetzt. Man spricht dann von einer Destillation unter vermindertem Druck oder im luftverdünnten Raum oder im Vakuum. Diese hat nicht nur den Vorteil, hochsiedende Flüssigkeiten bei niedriger Temperatur destillieren zu können, sondern auch einer Zersetzung, die bei höherer Temperatur eintreten könnte, vorzubeugen. Notwendig bei der Destillation unter vermindertem Druck ist, daß alle Teile des Apparates luftdicht miteinander verbunden sind. Die Evakuierung der Apparate (d. i. Beseitigung der Luft) geschieht meist mit Hilfe der Wasserluftpumpe; wie weit dieselbe getrieben ist, wird durch ein Quecksilberbarometer festgestellt, das zwischen der Wasserluftpumpe und der Vorlage eingeschaltet ist; außer dem Barometer und zwischen ihm und der Wasserluftpumpe ist noch ein Dreiwegehahn eingeschaltet, durch den beim Abstellen der Wasserluftpumpe Luft in den Apparat hineingelassen wird. Um bei Störungen des Wasserdrucks ein Eindringen von Wasser in das Barometer zu verhindern, schaltet man neben der Saugpumpe noch eine leere Flasche oder ein Rückschlagventil ein.

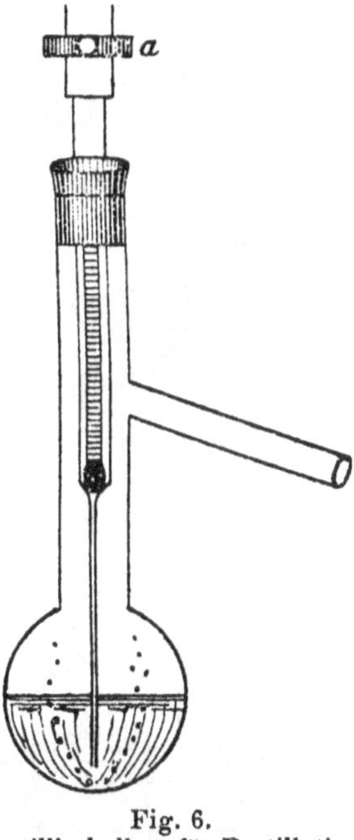

Fig. 6.
Destillierkolben für Destillation im Vakuum.
Das Thermometer steckt lose in der Glasröhre, durch welche bei der Destillation beständig wenig Luft eingesaugt wird. Die Regulierung der Luftzufuhr geschieht durch einen Quetschhahn bei *a*.

Die Destillation im luftverdünnten Raume erfordert immerhin einige Vorsicht; so vermeide man, über freiem Feuer zu destillieren, und destilliere immer aus einem

Bade; dann setze man auch eine Schutzbrille auf; ferner ist nötig, während der Destillation einen schwachen Luftstrom durch die siedende Flüssigkeit zu leiten, um das lästige und auch gefährliche Stoßen zu verhindern (Fig. 6). Wie der Apparat sonst am zweckmäßigsten angeordnet wird und welche Hilfsmittel es z. B. für eine fraktionierte

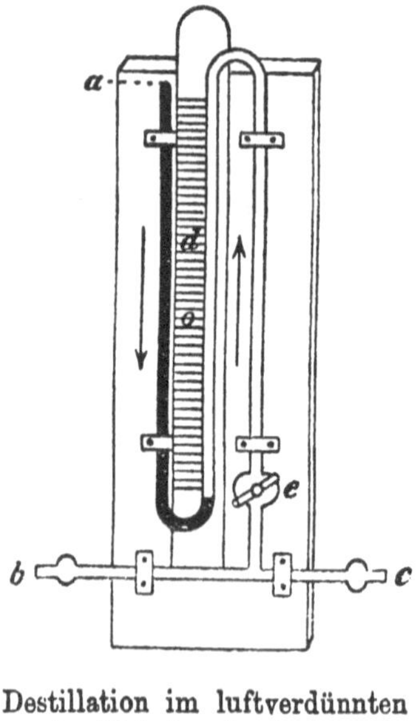

Fig. 7.
Barometer für Destillation im Vakuum.

Die Barometerröhre ist bei *a* geschlossen. Die Bewegung des Quecksilbers beim Evakuieren ist durch die beiden Pfeile angezeigt. *d* ist die Skala des Barometers. Das Barometer ist so eingerichtet, daß man es auf den Tisch stellen kann; von den Öffnungen *b* und *c* ist die eine an die Vorlage, die andere an die Luftpumpe angeschlossen; bei *c* befindet sich ein Gashahn, um nach der Abstellung des Barometers den Luftzutritt in dasselbe zu regulieren. Der Nullpunkt der verschiebbaren Skala ist ungefähr auf ihrer Hälfte.

Destillation im luftverdünnten Raume gibt, läßt sich nur umständlich beschreiben; alles dieses muß man aus der Übung lernen.

Unter welchem Drucke die Destillation ausgeführt wurde, erkennt man bei Benutzung eines abgekürzten Tischbarometers (Fig. 7), an dem Höhenunterschiede zwischen beiden Quecksilbersäulen, in mm ausgedrückt. Bedient man sich dagegen eines Barometers, bei dem sich das Quecksilber in zwei offenen kommunizierenden Röhren befindet (Fig. 8), von denen die eine mit dem Apparate verbunden ist, so daß in ihr beim Evakuieren das Quecksilber hochgesaugt wird, dann ist außer dem Höhenunterschied zwischen den Quecksilbersäulen, noch der Barometerstand im Außenraum zu berücksichtigen und von diesem der Barometerstand des Apparates (d. i. die Höhen-

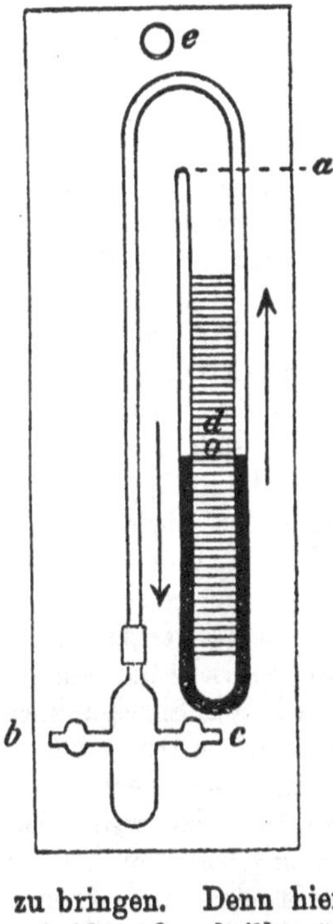

Fig. 8.

Barometer für Destillation im Vakuum.

Die Barometerröhre ist bei *a* offen. Die Bewegung des Quecksilbers beim Evakuieren ist durch die beiden Pfeiler angezeigt. *d* ist die Skala des Barometers, *e* eine Öffnung zum Aufhängen; von den Öffnungen *b* und *c* ist die eine an die Vorlage, die andere an die Luftpumpe angeschlossen. Der Nullpunkt der unbeweglichen Skala ist da, wo in Ruhe die beiden Quecksilbersäulen in gleicher Höhe stehen. Alles übrige geht aus der Beschreibung S. 57 hervor.

differenz der Säulen) in Abzug zu bringen. Denn hier ist der Höhenunterschied zwischen beiden Quecksilbersäulen nicht wie im andern Falle (der Benutzung des abgekürzten Tischbarometers) ein Ausdruck für die Schwere der im Vakuum noch vorhandenen Luft, sondern ein Ausdruck für die Schwere der Außenluft gegenüber der noch im Apparat befindlichen. Betrug z. B. der Barometerstand im

Raume 750 mm und der Höhenunterschied zwischen den Quecksilbersäulen des Barometers des Destillierapparates 730 mm, so wurde die Destillation unter einem Druck von 750 — 730 = 20 mm ausgeführt.[1]

Eine weitere Art der Destillation ist die im Wasserdampfstrome; sie wird vielfach zur Abscheidung von flüchtigen Substanzen, die einen höheren Siedepunkt als Wasser haben und sich mit diesem auch nicht mischen, angewendet. Dabei destillieren diese Substanzen trotz ihres hohen Siedepunktes mit den Wasserdämpfen über. Daß durch die Zuführung des Wasserdampfes zu der höher siedenden Flüssigkeit deren Siedepunkt erniedrigt wird, erklärt sich durch folgendes.

Jede flüchtige Verbindung zeigt bei jeder Temperatur einen bestimmten Dampfdruck, so das Wasser bei 100° einen Dampfdruck von 760 mm und das Terpentinöl bei derselben Temperatur einen Dampfdruck von 186 mm. Befinden sich nun Wasser und Terpentinöl gemischt, so ist der Dampfdruck des Gemisches bei 100° gleich der Summe der beiden Drucke, d. i. 946 mm. Ein solcher Druck, der größer als der Atmosphärendruck ist, könnte aber nur im geschlossenen Gefäße erreicht werden. Für offene Gefäße ergibt sich daraus, daß das Terpentinöl-Wassergemisch bei einer Temperatur unter 100°, d. i. unterhalb des Siedepunktes des niedrigst siedenden Flüssigkeitsanteils, sieden muß. Was hier von dem Terpentinöl-Wassergemisch gesagt worden ist, gilt für alle Flüssigkeiten, die sich weder begrenzt noch unbegrenzt miteinander mischen: ein Gemenge von ihnen siedet niedriger als jede einzelne. Anders liegen die Verhältnisse, wenn sich die Flüssigkeiten nur in begrenzten Verhältnissen miteinander mischen, wie z. B. Äther und Wasser. Dann

[1] Für die Instrumente zur Messung des Atmosphärenunterdrucks gebraucht man noch die Bezeichnungen Manometer und Vakuummeter. Sonst sind Manometer die Instrumente zur Messung des Atmosphärenüberdrucks.

erscheint beim Sieden zuerst der Siedepunkt der niedriger siedenden Flüssigkeit, die mit einem Teile der höher siedenden abdestilliert; nach dem Abdestillieren der ersteren hört das Sieden auf und nach gesteigerter Temperatur erscheint der Siedepunkt der höher siedenden Flüssigkeit. Die Dampfspannung eines Gemisches von sich nur begrenzt mischenden Flüssigkeiten ist also ungefähr so groß wie die des flüchtigen Anteils (vgl. fraktionierte Destillation).

Die Destillation mit Wasserdämpfen ist nur eine besondere Form der Destillation eines nicht homogenen Flüssigkeitsgemisches. Sie wird so ausgeführt, daß man den in einem besonderen Gefäße entwickelten Wasserdampf durch ein Rohr in das besonders erhitzte Flüssigkeitsgemisch einleitet und die Dämpfe durch einen Kühler kondensiert. Das Erhitzen des Flüssigkeitsgemisches hat den alleinigen Zweck, die Temperatur hoch zu halten. Der eintretende Wasserdampf beladet sich dann mit den Dämpfen des anderen flüchtigen Körpers, und zwar in einem Maße, der sich berechnen läßt.

Genau wie bei der Destillation mit Wasserdampf liegen die Verhältnisse bei der Destillation mit überhitztem Dampf, der sich ja von dem gesättigten Dampf für dieselbe Temperatur nur durch eine geringere Spannung unterscheidet. Die Gesamtspannung wird auch hier gleich der Summe der Einzelspannungen (Partialdrucke), und da die Destillation bei gewöhnlichem Atmosphärendruck vor sich geht, so ergibt sich, daß der Siedepunkt der zu destillierenden Flüssigkeit unter den für den gewöhnlichen Atmosphärendruck gültigen Siedepunkt heruntergedrückt wird. Die Überhitzung des Dampfes geschieht in einem sog. Überhitzer; als solcher kann ein konisch gewundenes Kupferrohr, durch das der Wasserdampf strömt und das von einer Flamme erhitzt wird, benutzt werden. Ehe der Wasserdampf in den Überhitzer eintritt, muß er durch einen Wasserabscheider von seinem

Wassergehalt befreit werden. Die Destillation mit überhitztem Wasserdampf wird bei Flüssigkeiten ausgeführt, die einen höheren Siedepunkt als Wasser haben. Der überhitzte Dampf kann dabei gleichzeitig als Wärmequelle dienen.

Man spricht auch von einer trockenen Destillation. Darunter versteht man das Erhitzen organischer Substanzen in Apparaten, die ein Auffangen der Zersetzungsprodukte gestatten. Auch diese Apparate bestehen aus einem Destillationsgefäß, einer Vorlage und einer Kühlvorrichtung. Die trockene Destillation aller Verbindungen von komplizierter Zusammensetzung ist mit dem Auftreten tief gehender Zersetzungsprodukte, von denen ein Teil sich durch einen eigenen unangenehmen sog. brenzlichen oder empyreumatischen Geruch kennzeichnet, verbunden.

Eine besondere Art von trockener Destillation ist die Sublimation. Während bei der Destillation, wie sie vorher geschildert wurde, zwischen dem dampfförmigen und festen Produkte eine flüssige Phase liegt, fehlt diese bei der Sublimation vollständig oder sie tritt nur vereinzelt und nebensächlich auf. Sonst geht das gasförmige Produkt ohne Vermittelung an den kalten Stellen, auf die es stößt, in den festen Zustand über. Darum fehlt auch beim Sublimationsapparate der verbindende Teil, der Kühler, zwischen Destillationsgefäß (Sublimationsgefäß) und Sammelraum. Das feste Produkt erscheint an den kalten Teilen locker oder auch in festen Krusten. Die Neigung, sich in Dampfform zu verwandeln und zu sublimieren, ist bei einigen Substanzen (Kampfer, Jod) so groß, daß sich ohne weitere Wärmezufuhr der Vorgang schon in den Aufbewahrungsgefäßen vollzieht. Da nur die wenigsten Verbindungen sublimierbar sind, so kommt bei präparativen Arbeiten die Sublimation weit seltener vor als die Destillation und Kristallisation; dafür wird sie aber bei jenen Verbindungen zu etwas für die Prüfung und Erkennung Verwertbarem, z. B. bei Benzoesäure. Die

Prüfung, ob die fragliche Substanz sublimierbar ist, läßt sich in einem Reagensrohre ausführen; sonst bedient man sich eines Uhrglases, auf das man die zu prüfende Substanz bringt und das man auf einem Sandbade erhitzt; das Uhrglas bedeckt man mit einem zweiten gleich großen Uhrglase, auf dem sich das Sublimationsprodukt (das Sublimat) niederschlägt. Zum Aufeinanderdrücken der beiden Uhrgläser werden sog. Uhrglasklammern benutzt.

Zur Ausführung von Sublimationen befinden sich im Handel Apparate aus Hartfeuerporzellan schon mit einem Inhalt von 100 ccm.

Der Wärmebedarf bei der Destillation. Derselbe setzt sich zusammen aus der Wärmemenge, welche zur Erwärmung einer Flüssigkeitsmenge von ihrer augenblicklichen Temperatur bis zu ihrem Siedepunkte nötig ist, und der Wärmemenge, welche die siedende Flüssigkeitsmenge zu ihrer Verdampfung als sog. latente Wärme (Verdampfungswärme) aufnimmt. Die erstere ist das Produkt aus der Temperaturerhöhung bis zum Siedepunkte und der spezifischen Wärme. Es soll dieses an einigen Zahlen, bezogen auf 1 kg Flüssigkeit, erörtert werden:

	Spezif. Wärme	Siedep.	Latente Wärme
Wasser . . .	1	100°	606
Äther	0,526	34—36°	90,5
Alkohol . . .	0,600	78,3°	250
Benzol . . .	0,400	79—80°	93
Chloroform . .	0,230	60—62°	67

Sollen diese Flüssigkeiten von einer augenblicklichen Temperatur von 15° an erwärmt werden, so ergeben sich als Wärmebedarf bei der Destillation eines Kilogramm

Wasser	(100 − 15) × 1 + 606 =	691	Kalorien
Äther	(35 − 15) × 0,526 + 90,5 =	101	„
Alkohol	(78,3 − 15) × 0,600 + 250 =	288	„
Benzol	(80 − 15) × 0,400 + 93 =	119	„
Chloroform	(61 − 15) × 0,230 + 67 =	77,6	„

Aus diesen Zahlen folgt, daß sich mit 1 kg Wasserdampf, der bei der Destillation der niedrig siedenden Flüssigkeiten als Wärmequelle immer herangezogen wird, annähernd 6 kg Äther, 2 kg Alkohol, 5 kg Benzol und 8 kg Chloroform destillieren lassen. Zu dem theoretischen Wärmebedarf kommt praktisch noch die Deckung des Wärmeverlustes, der in einer Dampfleitung vorkommt, die Wärme, die der Destillierapparat zum Erwärmen beansprucht, und die Deckung von Verlusten, die in anderen Momenten, z. B. der Wärmeausstrahlung, zu suchen sind, hinzu (s. S. 2). Eine gute Steinkohle von 7800 Kalorien Heizwert hat eine achtfache Wasserverdampfung.

Die Verwendung von Druckgefäßen. Jede chemische Reaktion hat bei erhöhter Temperatur eine größere Geschwindigkeit. Um diese Regel auch in solchen Fällen anwenden zu können, wo die Flüchtigkeit eines zur Reaktion zu bringenden Körpers sehr groß ist, bedient man sich geschlossener Gefäße, wie der Einschlußröhren und der Autoklaven. Beim Arbeiten mit solchen ist zu beachten, daß infolge tieferer Zersetzungen ein Gasdruck im geschlossenen Gefäße entstehen kann, so daß das Öffnen der Gefäße nur mit Vorsicht vorgenommen werden darf. Auf jeden Fall müssen die Gefäße vor dem Öffnen völlig erkaltet sein. Auch soll man nie unterlassen, die Einschlußröhren nicht eher aus dem eisernen Schutzmantel herauszunehmen, als bis ihre Kapillare auf der Lampe aufgeblasen ist. Dieses Aufblasen gelingt leicht, wenn man durch Schräghalten des Schutzmantels mit einem gelinden Druck die Kapillare herausbringt und in dieser Lage über die Lampe hält. Das Kapillarrohr soll auch gleichmäßig dick ausgezogen sein. Über Autoklaven geben die Unfallverhütungsvorschriften der Berufsgenossenschaft der chemischen Industrie Vorschriften.

Entfärben und Klären. Es ist eine bekannte Tatsache, daß gewisse Kohlensorten (Blutkohle, Tierkohle) die Eigenschaft besitzen, Körpern Verunreinigungen, die ihnen eine Färbung geben, zu entziehen, wenn man ihren Lösungen etwas von jener Kohle zusetzt. Man nennt solche Kohlensorten darum Entfärbungskohle. Der Grund ist darin zu suchen, daß sich der Farbstoff auf der Oberfläche der Kohle zufolge einer besonderen Energie, der Oberflächenenergie, niederschlägt. Die Wirkung der Kohle ist darum um so größer, je größer ihre Oberfläche, d. h. je poröser die Kohle ist. Man sagt, die Kohle wirkt adsorbierend auf den Farbstoff ein und die Erscheinung selbst ist eine Adsorption.[1] Das Entfärbungsvermögen ist immer begrenzt. Aber nicht nur Farbstoffe werden von der Kohle adsorbiert, sondern auch noch andere Stoffe, die mit den verunreinigenden Farbstoffen das gemeinschaftlich haben, daß sie hohe Molekulargewichte besitzen, z. B. die Alkaloide. Nach der Entfärbung wirft man deshalb die Filter mit der gebrauchten Kohle in der Regel nicht weg, sondern man sucht die wertvollen adsorbierten Anteile aus der Kohle noch zu gewinnen. Im Fabrikbetriebe sammelt man die Filter und zieht gelegentlich die wertvollen Anteile aus ihnen heraus. Um die nicht gewollte Adsorption möglichst einzuschränken, setzt man nicht mehr Kohle zu, als nötig ist. — Neben der adsorbierenden Wirkung der Kohle mag mitunter auch eine oxydierende einhergehen. Denn die Kohle hat noch die Fähigkeit, Gase zu adsorbieren, z. B. Sauerstoff. Daß die Kohle Gase adsorbiert, sieht man an dem Aufschäumen beim Eintragen der Kohle in heiße Flüssigkeiten. — Aber auch die Kohle ist ein wertvoller Gegenstand. Darum sucht man im Fabrikbetriebe auch die Kohle wieder nutzbar zu machen, sie für neue Prozesse zu regenerieren, wieder zu beleben. Durch Ausziehen der adsorbierten Stoffe (s. o.) läßt sich die Wiederbelebung nicht erreichen; denn dabei bleiben genügend Anteile adsorbiert, um die Wirksamkeit herabzustimmen. Brauchbare Entfärbungskohle erhält man dagegen im Ofen durch Verkohlung der adsorbierten Stoffe. Ob eine Kohle genügende Entfärbungskraft besitzt, erkennt man nur in der Wirkung beim Versuch mit solchen Stoffen, die man reinigen will. Als brauchbare Entfärbungskohle dürfte man im allgemeinen aber eine solche ansehen, von der, fein gesiebt und bei 120° getrocknet, 0,1 g genügt, um mindestens 20 ccm einer 1,5 promilligen Lösung von Methylenblauchlorhydrat (salz-

[1] Über Absorption siehe unter Gasanalyse.

saurem Methylenblau) beim Schütteln in einem verschlossenen Gefäß innerhalb einer Minute vollständig zu entfärben.

Das Klären trüber Flüssigkeiten durch Zusatz von Klärungsmitteln, z. B. Asbest, läuft auf dasselbe wie die Entfärbung mittels Kohle hinaus. Oberflächenwirkungen schlagen die trübenden Teile auf das Klärmittel nieder.

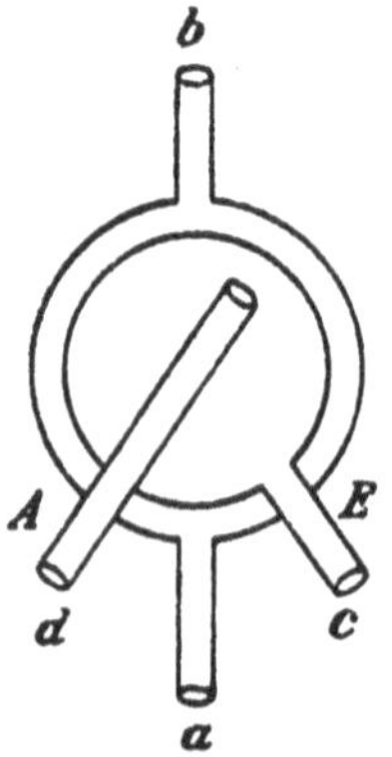

Fig. 9.
Durchschnitt eines Soxhletschen Kühlers.
Derselbe wird bei *a* auf den Apparat (z. B. Soxhletschen Extraktionsapparat) aufgesetzt; bei *c* (auf dem Kühler mit *E*, d. h. Eingang bezeichnet) tritt das Kühlwasser ein, bei *d* (auf dem Kühler mit *A*, d. h. Ausgang bezeichnet) tritt das Wasser aus. Eingang und Ausgang werden auch durch Pfeile angedeutet.

Extrahieren. Während bei der Ausschüttelung ein in einer Flüssigkeit verteilter Stoff mit einem mit jener Flüssigkeit nicht mischbaren Lösungsmittel ausgezogen wird, handelt es sich bei der Extraktion um die Bereitung von Auszügen aus festen Substanzen. Es gilt auch hier das bei der Ausschüttelung Gesagte, daß die Extraktion wiederholt werden und das Extraktionsmittel jedesmal längere Zeit mit dem zu extrahierenden Stoffe in Berührung gewesen sein muß. Die Extraktion erfolgt rascher, wenn das Extraktionsmittel erwärmt gehalten werden kann, oder die Mischung durch Rührvorrichtungen in Bewegung gehalten wird, damit die Mischung gleichmäßig verteilt bleibt (vgl. Bereitung von Lösungen). Besondere Extraktionsapparate, z. B. der Soxhletsche Apparat, gestatten ein ununterbrochenes (kontinuierliches) Ausziehen mit einer gleichbleibenden Menge des Lösungsmittels. Um einer Verflüchtigung des Lösungsmittels vorzubeugen, kühlt man die entweichenden Dämpfe so ab, daß ihr Kondensat (Verdichtungsprodukt) beständig zu dem extrahierenden Stoffe zurückfließen kann. Einen so angebrachten Kühler nennt man Rückflußkühler. Für Rückflußkühlung ist der Soxhletsche Kugelkühler besonders beliebt. In denselben tritt wie bei dem Liebigschen Kühler das kalte Wasser an dem unteren Teile des Kugelmantels ein und das warme Wasser an dem oberen Teile aus (Fig. 9).

Filtrieren. Unter Filtrieren (von filtrum = Filz) versteht man das Verfahren, einen festen Körper von einer Flüssigkeit, mit der er vermengt ist, dadurch zu trennen, daß man das Gemenge eine poröse Scheidewand passieren läßt, die nur der Flüssigkeit, nicht aber dem festen Körper den Durchgang gestattet. Solche poröse Scheidewände sind ungeleimtes Papier (Filtrierpapier), Leinwand, Filz, Asbest usw., und die Form, die man der Scheidewand gibt, ist entweder die eines Trichters, mit dem ein Glastrichter gefüttert wird, oder eines Beutels oder einer auf einem Rahmen ausgebreiteten Fläche von Tuch, Filz, Leinwand. Für kleinere Gemenge wendet man das Filtrieren durch Trichter an, für größere das Filtrieren in den beiden anderen Arten. Die durch Filtrieren geklärte Flüssigkeit heißt Filtrat. Die Klärung durch Tücher nennt man meist Kolieren und die geklärte Flüssigkeit Kolatur. Je größer die Teilchen des festen Körpers sind, um so größer dürfen die Poren des Filters sein. Durch längere Berührung des festen Körpers mit der Flüssigkeit werden häufig die Teilchen vergrößert; darum filtriert man nach der Erzielung eines Niederschlags in der Regel erst nach einiger Zeit. Sind die Teilchen des festen Körpers sehr klein, so können sie sich beim Filtrieren so fest aufeinander legen, daß sie eine undurchlässige Scheidewand bilden; man spricht dann von einer Verstopfung des Filters.

Damit das Flüssigkeitsgemenge durch die Poren des Filters hindurchgeht, ist ein treibender Druck erforderlich. Gewöhnlich übt diesen Druck die Schwere des Flüssigkeitsgemenges aus; praktisch wird dieses dadurch ausgenutzt, daß man die Filter während des Filtrierens möglichst gefüllt hält. Der Druck kann dadurch vergrößert werden, daß man den Luftdruck über dem Filter vergrößert (bei den Filterpressen) oder unter dem Filter vermindert (beim Absaugen). Druckverminderung ist schon vorhanden, wenn man das Trichterrohr mit einem Glasrohr verbindet, das an seinem oberen Teile (unterhalb des Trichters) schleifenförmig nach oben und dann wieder nach unten gebogen ist, weil dieses Rohr dann wie ein Heber saugend wirkt. Auf die Geschwindigkeit des Filtrierens ist noch von Einfluß die Temperatur; höhere Temperatur beschleunigt die Filtration, da die innere Reibung (Kohäsion) der Flüssigkeitsteilchen dadurch verkleinert wird.

Beim Filtrieren wendet man verschiedene Kunstgriffe an; so vergrößert man die Oberfläche des Filters durch Anbringung von Ablaufrinnen, indem man z. B. zwischen Trichterwand und Filter Glasstäbe einlegt. Auch die Faltenfilter haben keinen anderen Zweck, als die Oberfläche zu vergrößern. Bei der Filtration von erstarrenden oder auskristallisierenden Flüssigkeiten wendet man Warmwassertrichter an. Als Regel sollte man beachten, daß das Filter niemals bis an den Rand, geschweige denn über den Rand des Trichters reichen darf und daß Trichter und Filter zur Menge der zu filtrierenden Flüssigkeit in einem richtigen Verhältnisse stehen müssen.

Nach der Filtration folgt meist, wenn es sich um quantitative Arbeiten oder um wertvolle Filtrate oder Niederschläge handelt, die Operation des Auswaschens der Niederschläge, um die letzten Anteile der am Niederschlag noch haftenden Flüssigkeit mit einer anderen (z. B. Wasser) zu verdrängen. Die Verdrängung erfolgt um so rascher, je vollständiger die Filtration war, d. h. je mehr von der durch das Filter zu treibenden Flüssigkeit durch das Filter getrieben war. Nimmt man dann an, daß beim erstmaligen Passieren des Filters 1 g Fremdsubstanz am Niederschlag noch haftete und daß bei jedesmaligem Auswaschen $^9/_{10}$ verdrängt werden, dann kann man annähernd berechnen, wie lange man auszuwaschen hat, bis man die letzten Anteile der Fremdsubstanz vernachlässigen kann, wenn man darauf verzichtet, auf ein genügendes Auswaschen mit Reagentien zu prüfen.

Will man eine abzufiltrierende Substanz weiter verarbeiten, so sammelt man sie stets auf einem glatten Filter. Beim Filtrieren organischer Substanzen ist zu berücksichtigen, daß infolge Adsorption (vgl. Entfärben) Anteile an die Filtermasse (Filtrierpapier) herangehen können; dieses kann zu Verlusten und bei quantitativen Bestimmungen (z. B. Alkaloide) zu falschen Resultaten führen. Die Wiedergewinnung adsorbierter Substanz wird da mitunter zur Aufgabe (s. Entfärben und Klären).

Eine in der Technik viel benutzte Art des Filtrierens ist die unter Benutzung des treibenden Drucks der Zentrifugalkraft (Fliehkraft, Schleuderkraft). Unter Zentrifugalkraft versteht man die Kraft, welche einen um eine Achse rotierenden Körper in der Richtung des Radius des Kreises, in dem er sich bewegt, vom Mittelpunkte dieses Kreises fortzutreiben sucht. In dem Augenblicke, in dem der Körper seine Verbindung mit dem Mittelpunkte verliert, hört auch seine Kreisbewegung auf und die weitere Bewegung geschieht in tangentialer Richtung.

Bringt man in ein rotierendes Gefäß eine Flüssigkeit, so beobachtet man, daß die Flüssigkeit sich von der Achse weg zur Gefäßwand bewegt und an dieser einen Belag bildet; bestand die Flüssigkeit aus einem Gemenge mehrerer Stoffe von ungleichem spezifischem Gewicht, so beobachtet man, daß das Gemenge an der Gefäßwand sich in der Ordnung der verschiedenen spezifischen Gewichte so schichtet, daß der Anteil, der das höchste spezifische Gewicht aufweist, die äußerste und der Anteil, der das niedrigste spez. Gewicht aufweist, die innerste Schicht bildet. Ist die Gefäßwandung durchlocht und belegt man sie außerdem mit einem Tuch, so werden beim Umdrehen (Rotieren) die festen Anteile durch das Tuch zurückgehalten, während die flüssigen Teile durch das Tuch abgeschleudert werden. Sind sie abgeschleudert worden, dann folgt als spezifisch leichtester Inhalt die Luft; da diese sich jedoch immer wieder ergänzt, so folgt daraus, daß das Zentrifugieren so weit getrieben werden kann, daß die zurückgehaltenen festen Anteile trocken gemacht werden können, wozu die durch die beständige Luftzufuhr bewirkte Verdunstung das weitere beiträgt. Praktisch gibt man dem rotierenden Gefäße die Anordnung, daß es sich in einem feststehenden Mantel bewegt, in dem die abgeschleuderte Flüssigkeit aufgefangen werden und aus dem sie durch ein Rohr ausfließen kann. Den ganzen Apparat nennt man Zentrifuge oder Schleuder und das rotierende Gefäß Trommel oder Schleuderkorb. Den Antrieb erhalten diese Zentrifugen entweder oberhalb oder unterhalb der Trommel.

Wie groß der treibende Druck bei der Zentrifuge ist, hängt von der Umlaufgeschwindigkeit ab; im allgemeinen kann man aber sagen, daß bei den größeren Zentrifugen bei einer Umfanggeschwindigkeit von 30 Metern in der Sekunde der treibende Druck zwei Atmosphären beträgt. Für die Benutzung von Zentrifugen gelten neben bestehenden landespolizeilichen Vorschriften die Unfallverhütungsvorschriften der chemischen Industrie.

Entwickelung von Gasen mittels des Kippschen Apparates. Der Apparat besteht aus drei übereinanderstehenden miteinander kommunizierenden kugelförmigen Behältern, von denen die beiden unteren ein Stück bilden. Der obere abnehmbare Teil ist ein Kugeltrichter, dessen Rohr durch die mittlere Abteilung hindurch bis auf den Boden der unteren kugelförmigen Abteilung reicht. Die mittlere Abteilung wird mit der festen Substanz, die zur Gasbereitung dient, beschickt und in die obere die nötige Säure gegeben, die mit dem Inhalt des Mittelstücks reagieren soll. Mit einem Hahn im Tubus des Mittelstücks wird der Gasstrom geregelt. Beim Öffnen des Hahns entweicht zunächst die Luft aus dem Apparate, dann steigt die Flüssigkeit aus dem unteren Teil in das Mittelstück, in dem sich nun das Gas entwickelt. Die Intensität der Entwickelung wird durch den oben erwähnten Hahn geregelt. Wird dieser Hahn ganz abgestellt, dann wird durch den Gasdruck die Flüssigkeit aus dem Mittelstück durch die untere Abteilung in die obere Kugel gedrückt. Der Apparat hat den Nachteil, daß die Säure infolge der beständig vorgehenden Verdünnung durch den fortwährenden Verbrauch ihre Wirksamkeit einstellt, bevor sie ausgenutzt ist.

Für Laboratoriumszwecke bedient man sich des Kippschen Apparates hauptsächlich bei der Bereitung von Wasserstoff mit Hilfe von granuliertem Zink und verdünnter Schwefelsäure (4 Teile Wasser und 1 Teil konz. Schwefelsäure), von Kohlensäure aus Marmor mit Salzsäure und von Schwefelwasserstoff aus Schwefelseifen mit verdünnter Schwefelsäure.

Bereitung von Lösungen. Die Lösung einer festen Substanz in ihrem Lösungsmittel geht um so rascher vor sich, je mehr Angriffspunkte die Substanz dem Lösungsmittel bietet und meist auch, je wärmer das Lösungsmittel ist. Beides zeigt den Weg an, wie die Lösung zu bereiten ist. Zuerst gibt man der Substanz durch Zerkleinerung die vielen Angriffspunkte, dann übergießt man die abgewogene Substanz in einem geeigneten tarierten Gefäß mit einer reichlichen, aber nicht der Gesamtmenge des Lösungsmittels und erwärmt das Ganze unter Umrühren, bis Lösung eingetreten ist. Das Umrühren ist nötig, um eine gleichmäßige Mischung zu haben. Denn sonst sind in dem Lösungsmittelgemisch drei Anteile vorhanden: 1. die ungelöste Substanz, 2. konzentrierte Lösung an den Berührungsstellen von Substanz und Lösungsmittel und 3. verdünnte Lösung. Wenn die Substanz gelöst ist, gibt man schließlich noch soviel des Lösungsmittels hinzu, bis das gewollte Gewicht erreicht ist und filtriert. Oder man hält von dem Lösungsmittel bis nach dem Filtrieren einen Teil zurück und stellt dann das Filtrat durch weiteren Zusatz des Lösungsmittels auf das gewollte Gewicht ein.

Aus der Lösung gewinnt man den gelösten Stoff durch Verdunsten des Lösungsmittels zurück. Den gelösten Stoff kann man aber auch dadurch ausscheiden, daß man einen zweiten Stoff, der sich in dem Lösungsmittel gleichfalls löst und eine größere Neigung zum Lösungsmittel hat, zusetzt. Da diese Fähigkeit vielen Salzen zukommt, nennt man eine derartige Abscheidung eines gelösten Stoffes Aussalzen.

Beim Lösen von Flüssigkeiten in anderen Flüssigkeiten, in denen sie nur begrenzt löslich sind, liegen die Verhältnisse meist wie beim Lösen der festen Körper; durch die Veränderung des Wärmegrades wird die Löslichkeit verändert und bei höherer Temperatur ist die Lösung gehaltreicher als bei niederer. Das kann soweit gehen, daß Flüssigkeiten, die sich bei gewöhnlicher Temperatur nicht mischen, bei höherer Temperatur in allen Verhältnissen mischbar sind. Andere Flüssigkeiten dagegen (Äther und Wasser) zeigen das umgekehrte Verhalten; in der Wärme ist der eine Teil (Äther) in dem anderen (Wasser) weniger löslich als in der Kälte.

Den Gasen gegenüber ist das Lösungsvermögen einer Flüssigkeit bei niederer Temperatur größer als bei höherer und die Gaslösung gibt beim Erwärmen das gelöste Gas ab. Eine Ausnahme hiervon macht u. a. die Salzsäure, die eine wahre Lösung von Salzsäuregas in Wasser ist. Eine derartige Lösung mit einem Gehalt von 20 % Salzsäuregas hat einen konstanten Siedepunkt (110°); reichere Säure gibt beim Erwärmen zunächst Salzsäuregas, ärmere Säure zunächst Wasser ab, bis der Rückstand den Gehalt von 20 % Salzsäuregas erreicht hat. Aus den Gaslösungen läßt sich das Gas außer durch Erwärmen auch durch Durchleiten eines anderen Gases austreiben. Die Menge eines gelösten Gases ist dem Drucke proportional; bei zwei Atmosphären ist die Löslichkeit doppelt so groß als bei einer.

Zwei gebräuchliche Gaslösungen sind das Schwefelwasserstoffwasser und das Chlorwasser. Beide stellen gesättigte Lösungen dar. Die Prüfung bei der Darstellung, ob die Lösung gesättigt ist, stellt man so an, daß man die Flasche, in die man das Gas einleitet, verschließt, umkehrt und dann vorsichtig den Stopfen etwas lüftet. Werden Luftblasen eingezogen, so war das Wasser noch nicht gesättigt; wird dagegen Flüssigkeit herausgespritzt, so war das Wasser gesättigt. In dem ersteren Falle war durch Absorption über dem Wasser ein Vakuum, das die Luft einsaugte, im zweiten Falle Druck entstanden, der die Flüssigkeit hinausdrängte.

Bereitung verdünnter Schwefelsäure. Beim Vermischen der konzentrierten Schwefelsäure mit Wasser, in dem sie sich in allen Verhältnissen löst, wird eine bedeutende Wärme entwickelt, und es findet zunächst eine Kontraktion (Zusammenziehung) des Gemisches statt. Diese Erscheinungen sind die Folge chemischer Bindung des Wassers (der Bildung besonderer Schwefelsäurehydrate). Um Schwefelsäure gefahrlos mit Wasser zu mischen, darf man nur in der Art verfahren, daß man erstere unter Umrühren in das letztere einträgt.

Kältemischungen. Wenn kristallisierte Salze und auch andere feste Stoffe in Wasser gelöst werden, so beobachtet man meist eine Temperaturerniedrigung an der Lösung. Es vollzieht sich hierbei ein ähnlicher Vorgang wie bei der Verdunstung; in beiden Fällen wird Wärme aus der Umgebung entnommen. Daß bei der Verdunstung ebenfalls eine Temperaturerniedrigung in der Umgebung der verdunstenden Flüssigkeit eintritt, weiß jeder aus dem Kältegefühl, daß man nach einem Bade empfindet. In beiden Fällen ist auch die Erniedrigung der Temperatur um so größer, je rascher sich der Vorgang vollzieht. Da nun eine Salzlösung und Lösungen anderer fester Stoffe einen viel niedrigeren Gefrierpunkt als Wasser haben, so können Salze und andere feste Stoffe noch mit Eis Lösungen geben, wobei die Temperaturerniedrigung noch größer wird. Auf diesen Vorgängen beruht die Kälteerzeugung mit folgenden Mischungen:

1. Salze mit Wasser oder Säuren.

1 T. Ammonnitrat + 1 T. Wasser	von	+10°	bis	— 15,5°
1 T. Chlorkalium + 4 T. Wasser			„	11,8°
5 T. Kaliumnitrat + 5 T. Ammonnitrat + 8 T. Chlornatrium + 16 T. Wasser	„	+10°	„	— 15,5°
8 T. Natriumsulfat + 5 T. konz. Salzsäure	„	+10°	„	— 17°
3 T. Natriumsulfat + 2 T. verd. Salpetersäure	„	+10°	„	— 10°
8 T. Natriumphosphat + 8 T. verd. Salpetersäure	„	+10°	„	— 9°

2. Salze mit Eis oder Schnee.

1 T. Chlornatrium + 3 T. Schnee	„	— 21°
3 T. Chlorcalcium + 1 T. Schnee	„	— 36°

3. Zucker und Alkohole mit Eis oder Schnee.

1 T. Rübenzucker + 1 T. Schnee	„	— 11°
1 T. Melasse + 1 T. Schnee	„	— 8°
1 T. Methylalkohol + 1 T. Schnee	„	— 20°
1 T. Methylalkohol + 1 T. Äthylalkohol + 2 T. Schnee	„	— 22°
1 T. Glyzerin + 3 T. Schnee	„	— 20°

4. Feste Kohlensäure + Äther

„ — 100°

Die Temperaturen können noch weiter erniedrigt werden, wenn die Anfangstemperaturen möglichst 0° waren. Mit den Kältemischungen lassen sich dann auch konstant bleibende niedrige Temperaturen erzielen. Um die Kältemischung abzukühlen, bedient man sich eines Gemisches von 1 T. Chlornatrium und 2 T. Eis oder Schnee. Die konstant bleibende Temperatur beträgt bei Verwendung von

13 T. Kaliumnitrat + 100 T. Wasser	— 3°
13 T. Kaliumnitrat + 2 T. Chlornatrium + 100 T. Wasser	— 4°
35,8 T. Chlorbarium + 100 T. Wasser	— 87°
22,5 T. Chlorkalium + 100 T. Wasser	— 10°
20 T. Chlorammonium + 100 T. Wasser	— 14°

Trocknen der festen Körper, der Flüssigkeiten und der Gase.

a) Feste Körper.

Je nachdem die Natur des festen Körpers es gestattet, erhitzt man ihn zur Entfernung der ihm anhaftenden Feuchtigkeit in einem Trockenschranke auf eine höhere Temperatur, die aber unter der Zersetzungstemperatur des Körpers liegen muß, oder man stellt ihn in einen Exsikkator, d. i. ein luftdicht verschließbares Glasgefäß von meist glockenförmiger oder becherförmiger Gestalt, in dem sich eine wasserentziehende Substanz befindet, die die Innenluft des Gefäßes beständig trocken erhält. Als wasserentziehende Substanzen (Trockenmittel) dienen in der Regel konzentrierte Schwefelsäure oder Chlorcalcium. Die Wirkung des Trockenmittels ist sonach, daß sich von dem zu trocknenden Körper beständig Wasserdampf zum Trockenmittel bewegt. Doch ist die Wirkung des Trockenmittels eine begrenzte. Sie hört dann auf, wenn es soviel Feuchtigkeit aufgenommen hat, daß es mit dem gleichen Drucke Wasserdampf wieder abgibt, wie der zu trocknende Körper. Das ist bei der Schwefelsäure der Fall, wenn deren Gehalt an Schwefelsäure auf ungefähr 55 % herabgesunken ist. Eine Erneuerung des Trockenmittels ist also von Zeit zu Zeit nötig. Die Trocknung geschieht rascher, wenn der Exsikkator luftleer gepumpt wird, weil dann der Wasserdampf leichter in den Exsikkatorraum sich verbreitet als bei Gegenwart von Luft, die einen Gegendruck ausübt. Das Trocknen über Schwefelsäure können alle Substanzen nicht vertragen; sie erleiden eine Zersetzung und an Stelle der Schwefelsäure muß ein anderes Trockenmittel, z. B. Chlorcalcium, genommen werden. Der Grund mag einmal vielleicht darin liegen, daß die Schwefelsäure als intensiveres Trockenmittel wasseranziehend auf das chemische Molekül (d. h. anhydrisierend) wirkt; mehr aber dürfte der Grund darin liegen, daß kleine Mengen schwefliger Säure, die sich z. B. durch den Zutritt von organischem Staub zur Schwefelsäure bilden können, die Zersetzung der zu trocknenden Substanz bewirkt. — Beim Einsetzen heißer Tiegel in den Exsikkator beobachtet man stets, daß ein luftverdünnter Raum entsteht, infolgedessen der Deckel des Exsikkators fest aufgedrückt wird. Je nach Bedürfnis wendet man statt Chlorcalcium und Schwefelsäure andere Trockenmittel an, z. B. Ätzkali oder Ätzkalk, wenn die zu trocknende Substanz flüchtige Säuren aushaucht, oder Paraffin, wenn sie Schwefelkohlenstoff, Äther, Chloroform und dergleichen verdampft.

b) Flüssigkeiten.

Um Flüssigkeiten, die zum Ausschütteln oder Extrahieren gedient haben, z. B. Äther, Chloroform und dergleichen, vor ihrer Weiterverarbeitung zu trocknen (zu entwässern), durchschüttelt man sie mit Wasser absorbierenden Pulvern, z. B. Chlorcalcium, kalzinierter Soda, entwässertem Glaubersalz, Pottasche und anderen; es ist dabei zu überlegen, ob die zu trocknende Flüssigkeit keine Stoffe enthält, auf die das Trockenmittel wirkt, z. B. organische Säuren, gegenüber Soda und Pottasche. Ein geeignetes indifferentes Trockenmittel ist Traganthpulver, ein Gummi, das verschiedene Astragalusarten liefern.

c) Gase.

Für Gase wendet man die gleichen Trockenmittel an, wie für feste Körper und Flüssigkeiten, nur müssen sie indifferent dagegen sein, was natürlich die Kohlensäure dem Ätzkalk und Ätzkali gegenüber nicht ist. Man verfährt so, daß man in den Gasstrom Röhren oder turmförmige Gefäße, die mit dem Trockenmittel beschickt sind, einschaltet. In diesen Trocknungsgefäßen werden gleichzeitig auch Fremdstoffe, die mit dem Strom der Gase gehen, wie z. B. kleine Säuretröpfchen, von der Bereitung des Wasserstoffs aus Zink und Schwefelsäure, mechanisch oder chemisch festgehalten. — Häufig wird das Gas, ehe man es die Trocknungsmasse passieren läßt, durch Durchleiten durch eine Waschflasche mit Wasser gewaschen.

Verdampfen (Verdunsten). Es ist schon bei Besprechung des Siedepunktes gesagt worden, daß alle Flüssigkeiten, auch bei niederen Temperaturen, verdampfen; gewöhnlich nennt man solchen Vorgang, der sich ohne Dampfblasenbildung, also nur an der Oberfläche vollzieht, Verdunstung. Ganz reine Substanzen hinterlassen, theoretisch betrachtet, beim Verdunsten keinen Rückstand; das ist praktisch aber nur relativ zu verstehen; denn wenn man genügend große Mengen einer sonst auch rein genannten Substanz verdunstet, wird sich immer ein kleiner Rückstand ergeben, der in irgendeiner Verunreinigung seine Ursache hat. Daraus folgt, daß man bei der Verdunstungsprobe, die wie die Verbrennungsprobe bei vielen Prüfungen sehr beliebt ist, nur immer von kleinen Probemengen ausgehen soll. Die Verdunstungsprobe wird, wenn es sich um die Feststellung und weitere Untersuchung nichtflüchtiger Verunreinigungen handelt, auf einem Uhrglase auf dem Wasserbade oder durch freiwilliges Verdunsten an der Luft angestellt. Soll die Anwesenheit einer fremden riechenden Substanz festgestellt werden, so tränkt man ein kleines Stück Fließpapier mit der zu prüfenden Flüssigkeit und befördert die Verdunstung durch Hin- und Herfächeln des Papiers. Ein Anblasen und Durchrühren der Probe während des Verdunstens unterlasse man.

Übungspräparate.

Äther spez. Gew. 0,720. Läßt man 5 ccm Äther in einer Glasschale bei Zimmertemperatur verdunsten, so hinterbleibt ein feuchter Beschlag, der Lackmuspapier (s. d.) weder röten noch bleichen darf (freie Säuren, Schweflige Säure). — Mit Äther getränktes bestes Filtrierpapier darf nach dem Verdunsten des Äthers nicht riechen (Fuselöl) (Deutsches Arzneibuch).

Chloroform. Mit Chloroform getränktes bestes Filtrierpapier darf nach dem Verdunsten des Chloroforms nicht riechen (fremde Chlorverbindungen). — 5 ccm Chloroform dürfen beim Verdunsten auf dem Wasserbade keinen Rückstand hinterlassen (Deutsches Arzneibuch).

Feuergefährliche Stoffe. Eine besondere Vorsicht verlangt das Umgehen mit solchen Waren, welche leicht entzündliche Dämpfe abgeben (Benzin, Äther, Schwefelkohlenstoff). Bei der Benutzung dieser muß als Regel gelten, daß man bei offenem Lichte sich niemals mit ihnen beschäftigt; man soll also auch niemals einen Aufbewahrungsraum für solche Waren mit offenem Lichte betreten. An diesem entzünden sich ihre Dämpfe und wenn letztere mit Luft gemischt waren, wie es in Aufbewahrungsräumen vorkommen könnte, kommt es beim Betreten der Räume mit offenem Licht zu Explosionen. Die Destillation der genannten Stoffe darf niemals über freiem Feuer geschehen, und wenn sie mit Hilfe eines Wasser- oder Dampfbades geschieht, das mit einer Flamme erhitzt wird, muß sie stets so ausgeführt werden, daß das Destillat immer an einer Stelle aufgefangen wird, die viel tiefer als diejenige liegt, wo die Lampe brennt, z. B. das Destillat am Boden, wenn die Lampe auf dem Tisch. Vor dem Umfüllen feuergefährlicher Stoffe aus einer Flasche in eine andere, muß man sich auch bei kleinen Mengen stets vergewissern, daß auf dem Arbeitstische keine Lampe brennt.

Sehr gefährliche Gemische sind die des Leuchtgases mit Luft. Die Explosionen kommen vor, wenn in der Luft mehr als 7 % Leuchtgas enthalten sind; am stärksten ist die Explosion bei 17 %. Azetylenexplosionen beginnen bereits bei einem Gehalt von 4 % und sind am stärksten bei einem Gehalt von 12 % Azetylen. Wie die brennbaren Gase und Dämpfe verhält sich organischer Staub, der mit Luft ebenfalls explodierbare Gemenge bilden kann. Mit der Möglichkeit einer Staubexplosion wird man also dort zu rechnen haben, wo Drogen gemahlen werden und keine genügende Ventilation vorhanden ist.

Über die Lagerung leicht entzündlicher Flüssigkeiten, die Aufbewahrungsräume und die Benutzung von Licht in diesen geben die Unfallverhütungsvorschriften der Berufsgenossenschaft der chemischen Industrie neben etwa bestehenden landespolizeilichen Vorschriften das Notwendige an.

Eine sehr zu beachtende Entzündungsmöglichkeit ist beim Umfüllen des Äthers, Schwefelkohlenstoffs, Acetons und Benzins dadurch gegeben, daß diese Flüssigkeiten elektrisch erregbar sind und daß sich beim Durchfließen der genannten Flüssigkeiten durch Rohrleitungen und Trichter Elektrizität bildet; in der Entladung derselben liegt die Gefahr. Darum ist hier das Bestreben darauf gerichtet, die Elektrizität, wo sie entsteht, also im Trichter, im Standgefäße, im Heber und in den Rohrleitungen abzuleiten. Um dies zu erzielen, werden wenigstens Trichter und Heber aus Metall verwendet und geerdet. Nur bei der Behandlung kleiner Mengen im Laboratorium ist die

Verwendung nicht metallener Trichter und Heber zulässig. Beim Füllen in Glasballons sind eiserne Trichter zu vermeiden oder sie müssen zur Verhinderung der Funkenbildung beim Einsetzen in den Flaschenhals außen mit Kupfer oder einem anderen weichen Metall verkleidet und geerdet sein. (Vgl. Unfallverhütungsvorschriften der Berufsgenossenschaft der chem. Industrie.)

Feuergefährliche Stoffe sind endlich die Pyrophore, die an der Luft ohne weiteres Zutun Feuer fangen können. Zu diesen gehören Putztücher und Putzwolle, die zum Verreiben von Öl, Firnis und diese enthaltenen Anstrichmitteln verwendet worden waren. Solches Putzmaterial ist in Blechgefäßen aufzubewahren.

Brände, die durch die genannten feuergefährlichen Stoffe entstanden sind, sind, wenn sie etwas größeren Umfang haben, durch Zudecken mit Sand oder Tüchern zu löschen.

Besondere Begriffsbestimmungen. Man bedient sich sehr häufig Bezeichnungen, für die die Begriffsbestimmung in der Chemie gar nicht oder nur schwer zu finden ist. Man wird in diesen Fällen gut tun, sich in verwandten Gebieten umzusehen, in denen jene Bezeichnungen geläufiger sind, um zu einer Begriffsbestimmung zu gelangen. Ein solches verwandtes Gebiet ist die Pharmazie. Die folgenden Begriffsbestimmungen sind darum den Arzneibüchern entnommen.

Lichtwirkungen. „Vor Licht geschützt“ heißt Aufbewahrung in undurchsichtigen oder dunklen Gläsern (schwarzen, roten, orangefarbenen oder braunen, nicht aber blauen). „An einem hellen Orte“ heißt Aufbewahrung in einem farblosen Glase, dem Fenster möglichst genähert.

(Schweiz. Arzneibuch.)

Temperatur. Unter mittlerer Temperatur versteht man eine solche von 15°, unter gewöhnlicher Temperatur oder Zimmertemperatur eine solche von 15—20°. Unter warmem Wasser ist solches von 60—70°, unter heißem Wasser solches von 85—95° zu verstehen.

(Schweiz. Arzneibuch.)

Unter Erwärmen versteht man eine Temperatursteigerung bis 100°, unter Erhitzen eine Temperatursteigerung über 100°. (Niederländ. Arzneibuch.)

Tropfen. Mit dem Normaltropfenzähler, der eine kreisrunde Abtropffläche von 8 mm Durchmesser besitzt, gehen bei 15° auf 1 g bei

Äther	90 Tropfen;	1 Tropfen wiegt	11 mg
Alkohol, absol. . . .	66 „	„ „	15 „
Alkohol, gewöhnl. .	62 „	„ „	16 „
Brom	88 „	„ „	26 „
Chloroform	55 „	„ „	18 „
Kalilauge	20 „	„ „	50 „
Natronlauge . . .	20 „	„ „	50 „
Salmiakgeist (spez. Gew. 0,96°)	23 „	„ „	44 „
Salpetersäure . . .	21 „	„ „	48 „
„ verd. (4+6)	20 „	„ „	50 „
Salzsäure	21 „	„ „	48 „
„ verd. (4+6)	20 „	„ „	50 „
Schwefelsäure . . .	26 „	„ „	39 „
„ verd. (1+8)	20 „	„ „	50 „
Wasser, dest. . . .	20 „	„ „	50 „

(Schweiz. Arzneibuch.)

Zerkleinerungen.

a) Pulver. Es werden hergestellt:

feine Pulver mittels eines Siebes Nr. 6 von annähernd 0,15 mm Maschenweite;

mittelfeine Pulver mittels eines Siebes Nr. 5 von annähernd 0,30 mm Maschenweite;

grobe Pulver mittels eines Siebes Nr. 4 von annähernd 0,75 mm Maschenweite. (Deutsches Arzneibuch.)

b) Zerschneidungen. Es werden hergestellt:

fein zerschnittene Drogen mittels eines Siebes Nr. 3 von 2 mm Maschenweite;

mittelfein zerschnittene Drogen mittels eines Siebes Nr. 2 von 3 mm Maschenweite;

grob zerschnittene Drogen mittels eines Siebes Nr. 1 von 4 mm Maschenweite.

(Deutsches Arzneibuch.)

Analytische Methoden.

Die Bereitung der Reagentienlösungen, d. h. der Lösungen derjenigen Stoffe, die zur Erkennung anderer Stoffe erforderlich sind, geschieht entweder in der Weise, daß man dieser einen gewissen Prozentgehalt an Reagens gibt oder so, daß die Lösungen eine bekannte Stärke erhalten. Bei der ersteren Art, die die älteste ist, bereitet man meist 5- oder 10%ige wässerige Lösungen, bei der zweiten Art bereitet man sog. Normallösungen, von denen ein beliebiges Volumen, z. B. 100 ccm, mit genau dem gleichen Volumen, also auch 100 ccm, eines anderen Reagens, mit dem es reagieren kann, in eine vollständige Umsetzung tritt. Es entsprechen somit 100 ccm einer Normalalkalilauge 100 ccm einer Normalsäure und 100 ccm Normalschwefelsäure 100 ccm Normalchlorbariumlösung usw. Diese letztere heute sehr gebräuchliche Methode hat den Vorteil, daß man aus dem Verbrauch des Reagens schon einen Schluß auf die Menge des zu suchenden Stoffs ziehen kann. Näheres über die Grundlage der Methode findet sich bei der Besprechung der Maßanalyse. Als lediglich gesättigte Lösungen werden benutzt Schwefelwasserstoffwasser, Kalkwasser, Barytwasser, Gipswasser, Chlorwasser und Bromwasser.

Lackmuspapier. Von diesem verlangt man eine große Empfindlichkeit. Darum darf das Lackmuspapier nur so viel Farbstoff enthalten, daß noch ganz kleine Mengen Säuren beziehungsweise Basen angezeigt werden. Nach dem Deutschen Arzneibuche muß blaues Lackmuspapier durch 1 Tropfen einer Mischung von 1 ccm $^1/_{10}$-Normalsalzsäure und 99 ccm Wasser sofort gerötet und rotes Lackmuspapier durch 1 Tropfen einer Mischung von 1 ccm $^1/_{10}$-Normalkalilauge und 99 ccm Wasser sofort gebläut werden.

Zur Herstellung der Papiere wird 1 Teil Lackmus dreimal mit je 5 Teilen siedendem Weingeist ausgezogen. Dadurch wird ein roter Farbstoff, Erythrolitmin, beseitigt. Der Rückstand nach der Alkoholextraktion wird mit 10 Teilen Wasser 24 Stunden lang bei Zimmertemperatur ausgezogen und filtriert. — Zur Bereitung des blauen Lackmuspapiers wird die wäßrige Lackmuslösung in der Siedehitze tropfenweise mit so viel verdünnter Schwefelsäure (1 + 5) versetzt, bis 1 ccm nach Zusatz von 100 ccm Wasser violettblau gefärbt ist. Die auf diese Weise neutralisierte Lackmuslösung wird mit 1 Teil Wasser verdünnt; damit werden Streifen von bestem Filtrierpapier getränkt und vor Licht geschützt in einem ungeheizten Raume getrocknet. — Zur Bereitung des roten Lackmuspapiers wird die neutralisierte Lackmuslösung (s. o.) mit so viel verdünnter Schwefelsäure versetzt, bis 1 ccm nach Zusatz von 100 ccm Wasser blaßrot gefärbt ist. Die auf diese Weise angesäuerte Lackmuslösung wird mit 1 Teil Wasser verdünnt; damit werden Streifen von bestem Filtrierpapier getränkt und wie oben gesagt getrocknet (Deutsches Arzneibuch).

Bereitung arsenfreien Schwefelwasserstoffs. Der aus Schwefeleisen und Salzsäure bereitete Schwefelwasserstoff ist stets arsenhaltig, sobald beide oder auch nur eines der beiden Ausgangsmaterialien arsenhaltig waren. Zur Bereitung arsenfreien Schwefelwasserstoffs, der in manchen Fällen unumgänglich nötig ist, geht man entweder von arsenfreien Materialien aus oder man desarseniert den unreinen Schwefelwasserstoff. Als arsenfreien Schwefelwasserstoff liefernde Sulfide lassen sich an Stelle arsenfreien Schwefeleisens auch Schwefelbarium oder Schwefelcalcium verwenden, wie sie durch Reduktion des Schwerspats ($BaSO_4$) oder des Gipses ($CaSO_4$) erhalten werden. Sie werden mit arsenfreier Salzsäure zersetzt. Zur Reinigung arsenhaltigen Schwefelwasserstoffs eignet sich am besten folgende Methode:

Man verteilt 2—3 g gröblich zerriebenes Jod (welches mithin noch wenig feucht ist) in einer 30—40 cm langen engen Glasröhre schichtweise zwischen Glaswolle und leitet durch diese Röhre das zu reinigende Gas. Ein zweites kürzeres Glasrohr, ebenfalls etwas Jod enthaltend, kann man noch einschalten. Das aus der Röhre austretende Gas wird durch Wasser gewaschen und verwendet. Die Methode gründet sich auf die Tatsache, daß Arsenwasserstoff und feuchtes Jod sich bei gewöhnlicher Temperatur zu Arsenjodür und Jodwasserstoff umsetzen:

$$AsH_3 + 6J = AsJ_3 + 3HJ,$$

während Schwefelwasserstoff auf trockenes Jod oder in starker Jodwasserstoffsäure gelöstes Jod nicht einwirkt. Etwa mitgerissenes freies Jod wird in dem Waschwasser als Jodwasserstoffsäure zurückgehalten.

Die Prüfung der Chemikalien und die Grundlage der anorganischen qualitativen Analyse. Die Prüfung der Chemikalien auf ihre Reinheit bildet einen nie zu vernachlässigenden Teil der Laboratoriumstätigkeit. Sie stützt sich auf die chemischen Reaktionen des Stoffes, den man untersuchen will und derjenigen Stoffe, die erfahrungsgemäß als Fremdkörper in dem zu untersuchenden Stoffe auftreten und die man ausgeschlossen haben will. Theoretisch können in einem Präparate zwar alle möglichen Verunreinigungen vorhanden sein, so daß ein förmlicher analytischer Gang durchgenommen werden müßte, um die Verunreinigung zu erkennen; praktisch kommt man aber mit der Fahndung nach wenigem immer aus. Da handelt es sich bezüglich der anorganischen Verunreinigungen in der Regel um die Anwesenheit fremder Schwermetalle und des Arsens sowie fremder Säureionen, z. B. des Schwefelsäureions in den chlorwasserstoffsauren Salzen und umgekehrt. Doch die Anwesenheit eines Fremdkörpers überhaupt zu konstatieren und ihn darum in seinen letzten Spuren nachzuweisen, ist nur in wenigen Fällen der Zweck der Untersuchung; meist genügt es, festgestellt zu haben, daß eine etwaige Verunreinigung eine gewisse Höchstgrenze nicht überschreitet. In diesen Fällen findet man in den Prüfungsvorschriften derartige Wendungen wie „soll innerhalb 5 Minuten nicht usw.", oder „darf kaum", oder „darf nicht mehr als" usw. Aus allem ergibt sich die Regel, daß die Prüfung der Chemikalien genau so vorgenommen werden muß, wie die Prüfungsvorschrift lautet. Es muß also auch an der vorgeschriebenen Konzentration der Lösungen, an den vorgeschriebenen Mengenverhältnissen und sogar an der vorgeschriebenen Form der Gefäße, ob z. B. ein Reagenzrohr und in welcher Weite oder ein Uhrglas usw. verwendet werden soll, festgehalten werden. Änderungen sind teils von Einfluß auf die Reaktionsgeschwindigkeit, teils auf die Beobachtungsart.

Bei der Prüfung auf Fremdsubstanzen findet man in den Prüfungsvorschriften die Forderungen, wie z. B. „darf durch Schwefelwasserstoff oder Schwefelammonium" oder „darf durch Chlorbarium" nicht verändert werden. Was durch diese und andere auf viele Metall- bzw. Säureionen wirkenden Reagentien angezeigt wird, übersieht man, wenn man die Grundlage der qualitativen Analyse daneben hält.

Nach den Regeln der qualitativen Analyse wird zunächst das Äußere der fraglichen Substanz: Farbe, Geruch, Kristallform usw., das Verhalten beim Erhitzen und die Löslichkeit festgestellt; dann wird zur Ermittelung der Einzelbestandteile mit Hilfe von Wasser oder Säuren oder nach einer Vorbereitung durch Verschmelzen mit gewissen Zutaten oder in anderer Weise, z. B. durch Erhitzen im Chlorstrom eine Lösung bereitet; auf Stoffe, die man zum Löslichmachen benutzt hat, kann darum in einer solchen Lösung nicht mehr geprüft werden.

Die qualitative Analyse unterscheidet des weiteren

zwischen Metallen und Metalloiden. Für die ersteren ist charakteristisch das Verhalten gegen Schwefelwasserstoff, und zwar werden durch Schwefelwasserstoff gefällt als Schwefelmetalle[1]:

a) aus saurer Lösung (nicht aber aus alkalischer): As, Sb, Sn;

b) aus saurer und alkalischer Lösung: Hg, Ag, Cu, Cd, Bi, Pb;

c) aus alkalischer Lösung (nicht aber aus saurer): Zn, Fe, Mn, Ni, Co;

d) weder aus saurer noch alkalischer Lösung: Al, Cr, Ba, Sr, Ca, Mg, K, Na, Li.

Dagegen werden die Elemente Al und Cr schon durch Alkalien und deren Karbonate und Sulfide als Oxydhydrate gefällt; die Elemente Ba, Sr, Ca, welche durch Ammoniak nicht gefällt werden und deren Oxydhydrate in Wasser löslich sind, werden durch Alkalikarbonate als Karbonate und durch Phosphate als Phosphate gefällt. Das Magnesium wird durch Alkalikarbonate und -phosphate gleichfalls gefällt. Das Oxydhydrat ist aber in Wasser unlöslich; Ammoniak fällt die Magnesiumsalze bei Gegenwart von Ammoniaksalzen (!) nicht. Die Alkalien werden weder durch ein Phosphat noch durch ein Karbonat gefällt.

Die Metalloide sind (in der analytischen Chemie!) diejenigen Elemente, welche Säuren bilden und die Eigenschaft der obigen Metalle nicht besitzen. Für die Säuren haben wir hauptsächlich zwei Orientierungsreagenzien:

a) Chlorbarium, welches in neutralen Lösungen mit

---

[1] Bei der Analyse spricht man von der Fällung der Elemente durch dieses oder jenes Reagens (Cu durch H_2S usw.). Es soll dieses aber heißen, daß die Elemente aus ihren Verbindungen durch das betreffende Reagens in einer bei der Analyse in Betracht zu ziehenden Verbindungsform (oder je nach der Natur des Reagens im freien Zustande) ausgeschieden werden.

den löslichen Salzen der Kohlensäure, Schwefelsäure, Chromsäure und Phosphorsäure Niederschläge gibt. Dieselben werden auf Zusatz von verdünnten Säuren gelöst, mit Ausnahme des Sulfatniederschlags.

b) Salpetersaures Silber, welches in neutralen Lösungen mit den löslichen Salzen der Chlor-, Brom- und Jodwasserstoffsäure, der Kohlensäure, Chromsäure und Phosphorsäure Niederschläge gibt. Die Niederschläge der drei ersten Salze sind in verdünnter Salpetersäure unlöslich, die drei anderen Niederschläge aber löslich; alle Niederschläge mit Ausnahme des Jodsilbers sind auch in Ammoniak löslich.

Endlich geben weder Chlorbarium noch salpetersaures Silber Niederschläge mit Salpetersäure, Chlorsäure und Essigsäure oder deren Salzen.

Für die Feststellung eines bestimmten Elements oder einer bestimmten Säure kommt dann noch in Betracht, daß jedes Element und jede Säure etwas Eigenartiges hat, was es von anderen Elementen, beziehungsweise Säuren, unterscheidet.

Die Anforderungen an die Reinheit sind am höchsten bei den als Arzneimittel und als Reagentien gebrauchten Chemikalien, am niedrigsten bei den sog. technischen Artikeln, für deren qualitative Prüfung es meist keine Vorschriften gibt.

Aus der unübersehbaren Zahl der Leitfäden der qualitativen chemischen Analyse soll hier nur Hoppe, Analytische Chemie I, Sammlung Göschen Nr. 247 erwähnt werden.

Die Flammenfärbungen. Die Salze einiger Elemente (Alkalien, Erdalkalien) haben die Eigenschaft, in dem heißesten Teil der Bunsenflamme sich zu verflüchtigen, wobei ihre Dämpfe der Flamme eine Färbung geben. Am brauchbarsten für die Beobachtung sind die salpetersauren und chlorwasserstoffsauren Salze.

Es geben:

die Verbindungen	des	Natriums	gelbe	Färbung,
„	„	„	Kaliums	violette	„
„	„	„	Lithiums	karminrote	„
„	„	„	Calciums	orange	„
„	„	„	Strontiums	rote	„
„	„	„	Bariums	gelbgrüne	„

Die Empfindlichkeit der Flammenfärbung ist eine so große, daß man noch Spuren der färbenden Substanzen nachweisen kann. Die Flammenfärbung hat man darum auch bei Reinheitsprüfungen dazu benutzt, um Verunreinigungen mit anders färbenden Salzen, die auch in Spuren nicht vorhanden sein dürfen, nachzuweisen. Die Probe stellt man so an, daß man ein Stäubchen des zu untersuchenden Salzes am Platindraht in die nichtleuchtende Bunsenflamme hält. Das Deutsche Arzneibuch und andere Vorschriftenbücher lassen die Probe zur Prüfung auf Identität und Reinheit anwenden. Die Flamme muß bei den betreffenden Salzen von Anfang an charakteristisch gefärbt sein.

Identifizierung organischer Verbindungen. Während der Weg zur Erkennung anorganischer Verbindungen (in der sog. qualitativen Analyse) sehr genau ausgebaut ist, fehlt bei den organischen Verbindungen, deren es eine ungemein große Anzahl gibt, der systematische Gang. Nur für die Alkaloide hatte man Verfahren gefunden, sie genügend genau festzustellen und teilweise auch voneinander zu trennen. Dieses war aber nur durch die immerhin kleine Zahl der Repräsentanten möglich. Der nähere Weg ist in dem Stas-Ottoschen und Dragendorffschen Verfahren zur Ausmittelung der Alkaloide festgelegt. Im allgemeinen gilt folgender Weg.

Der einfachste Fall ist der, daß die zu identifizierende organische Substanz in fester Form vorliegt, so daß man zunächst die physikalischen Eigenschaften feststellen kann;

ist sie dagegen in Lösung geboten, so ist sie aus dieser, wenn man Anhaltspunkte hat, daß die Substanz flüchtig ist (z. B. infolge des Geruchs), durch Destillation, sonst durch Eindampfen oder durch eine Extraktion zu gewinnen. Zu diesem letzteren Zweck wird das Untersuchungsobjekt als solches, dann nach dem Ansäuern und zuletzt nach dem Alkalischmachen mit Äther, oder einer Mischung von 2 T. Äther und 1 T. Chloroform oder wenn ein Grund dazu vorliegt, mit einem anderen Extraktionsmittel ausgeschüttelt. Bei der Ausschüttelung der alkalischen Flüssigkeit ist zu beachten, daß eine Zersetzung der ursprünglichen Substanz nicht ausgeschlossen ist (z. B. bei hydrolysierbaren Alkaloiden: Atropin, Hyoscyamin und ferner bei Chloralhydrat u. a.). Mit dem Verdampfungsrückstand werden die Orientierungsreaktionen ausgeführt. War der Körper fest, so stellt man auf alle Fälle zunächst den Schmelzpunkt fest, nachdem man sich davon überzeugt hat, daß der Körper vollständig verbrennt (vgl. Bestimmung des Glührückstandes und der Asche S. 94). Als Orientierungsreaktionen können in erster Linie folgende gelten:

1. das Verhalten beim Erhitzen im Reagenzrohr (Auftreten eines Geruches oder einer Farbe);

2. die Prüfung auf Wasserlöslichkeit und im Falle der Unlöslichkeit auf Säure- und Alkalilöslichkeit;

3. die Prüfung der mit Salpetersäure angesäuerten Lösung einer Schmelze mit Soda und Salpeter auf ihr Verhalten gegen Bariumnitrat und Silbernitratlösung, wenn die ursprüngliche Substanz auf diese Reagentien nicht wirkte (gebundenes Chlor und Schwefel);

4. die Prüfung mit konzentrierter Schwefelsäure (ob Farbenveränderung, z. B. bei Salicin, Jodabspaltung bei organischen Jodverbindungen) ev. mit nachherigem Zusatz von Eisenchlorid nach dem Verdünnen mit Wasser (ob Farbenveränderung, z. B. bei Santonin);

5. die Prüfung der neutralen wässerigen oder alko-

holischen Lösung mit Eisenchlorid (ob Farbenveränderung, z. B. bei Phenolen);

6. das Verhalten gegen Natronlauge (ob Braun- oder Dunkelfärbung eintritt, z. B. bei Tannin usw.);

7. die Prüfung mit Salzsäure beim Erhitzen und Versetzen eines Teiles der mit Wasser verdünnten und filtrierten Lösung mit Chromsäurelösung, eines anderen Teiles mit Karbolsäure, Chlorkalklösung und nachher Ammoniak (ob eine violette bzw. blaue Färbung eintritt, z. B. bei Anilin- und *p*-Amidophenolabkömmlingen);

8. die Prüfung mit alkoholischer Natronlauge und etwas Chloroform, ob sich beim Kochen der Isonitrilgeruch zeigt wie bei Anilin- und *p*-Amidophenolabkömmlingen;

9. die Prüfung der nur in Säure oder in Wasser löslichen salzartigen Verbindungen mit den Gruppenreagentien der Alkaloide;

10. die Prüfung, ob eine stickstoffhaltige Verbindung vorliegt, indem man eine kleine Probe der Substanz mit etwas Kalium- oder Natriummetall in einem trockenen Reagenzglase zum schwachen Glühen erhitzt und die Masse darauf mit etwas Wasser auszieht, den Auszug filtriert und mit etwas Eisenoxydulsulfatlösung und einigen Tropfen Eisenchloridlösung kurze Zeit schüttelt und dann mit Salzsäure ansäuert, ob sich eine Blaufärbung (Bildung von Berlinerblau) zeigt.

Selbstverständlich schließen mit diesen Orientierungsreaktionen die Möglichkeiten nicht ab. Zudem gibt es auch Stoffe, welche keine besonders charakteristischen Reaktionen zeigen. Wenn die physikalischen Eigenschaften (Schmelzpunkt, Farbe, Geruch, Kristallform) keine Anhaltspunkte bieten und die orientierenden Reaktionen versagen, bleibt zur Feststellung nur die Ausführung einer Verbrennungsanalyse übrig, um zu versuchen, mit dem ermittelten Molekulargewicht aus Richters Lexikon der

Kohlenstoffverbindungen den fraglichen Körper herauszufinden. Um aus dem Schmelzpunkte Anhaltspunkte zu bekommen, bedient man sich der Tabelle der wichtigsten organischen Verbindungen, geordnet nach Schmelzpunkten, von Kempf.

Die Grundlage der Gewichtsanalyse. Bei der Gewichtsanalyse, soweit sie allgemein und hier zu betrachten ist, wird der zu bestimmende Anteil einer Substanz in eine Form gebracht, die in ihrer Zusammensetzung genau bekannt ist und beständig bleibt. Die aus einer abgewogenen Substanzmenge auf mehr oder weniger umständliche Weise erhaltene Form wird trocken gewogen. Aus dem gefundenen Gewicht wird der wesentliche Teil berechnet, z. B. aus dem Chlorsilber bei der Silberbestimmung das Silber und auf 100 Teile der untersuchten Substanz umgerechnet. Soll dabei die abgeschiedene Form auf einem Filter gesammelt und mit dem Filter gewogen werden, so wird das Filter, das aus reinem an Lösungsmitteln nichts abgebenden Papier bestehen muß, vorher gewogen und sein Gewicht von dem Gesamtgewicht des Filters + Inhalt abgezogen. Ist die abgeschiedene Form feuerbeständig und wird sie geglüht, dann wird das Filter besonders verbrannt und das an einem anderen Filter ermittelte Gewicht der Asche von dem Gesamtglührückstand in Abzug gebracht. Über die Berechnung s. folgendem Abschnitt.

Über das Abwiegen der Substanz ist zu erwähnen, daß, wenn in einer Untersuchungsvorschrift bestimmte Mengen gefordert werden, diese immer als annähernde, aber genau auszuwiegende Mengen zu verstehen sind. Man verfährt dann so, daß man die geforderte Menge zunächst auf einer Handwage abwiegt und dann auf der Analysenwage genau auswiegt. Zum Abwiegen bestimmter Mengen sind die Analysenwagen schlecht geeignet.

Anwendung der Stöchiometrie bei gewichtsanalytischen Bestimmungen.

1. Bestimmung des Chlors (Chlorions) als Chlorsilber.
Abgewogene Substanz 0,400 g.

Filter + Chlorsilber . .	0,200
Filter	0,100
Gefundenes Chlorsilber	0,100

Berechnung.

Mol.-Gew. AgCl : Cl = gefund. AgCl : x;
107,88 + 35,46 = 143,34 35,46 0,100

$$x = 0{,}02474;$$

mithin sind in 100 Teilen der untersuchten Substanz (nach der Gleichung 0,400 : 0,02474 = 100 : x) 6,185 %.

Stammt dieses Chlorion von einem Chlornatriumgehalt, so waren nach der Gleichung

Atomgew. Cl : Mol.-Gew. NaCl = 6,185 : x
35,46 23 + 35,46 = 58,46

10,19 % Chlornatrium in der ursprünglichen Substanz.

2. Bestimmung der Schwefelsäure (des Sulfations) als Bariumsulfat.

Abgewogene Substanz 0,400 g.

Tiegel + $BaSO_4$ + Filterasche nach dem Glühen	15,600
Tiegel vor dem Glühen	15,200
Tiegel + Filterasche	0,400
Filterasche	0,0005
$BaSO_4$	0,3995

Berechnung.

Mol.-Gew. $BaSO_4$: SO_4 (Sulfation) = gefund. $BaSO_4$: x;
233,44 96,07 0,3995

$$x = 0{,}1602.$$

Mithin sind in 100 Teilen der untersuchten Substanz (nach der Gleichung 0,400 : 0,1602 = 100 : x) 40,05 % Sulfation.

3. Bestimmung der Oxalsäure durch Fällen als oxalsaures Calcium und Überführung des letzteren in Calciumoxyd.

Berechnung. Da das oxalsaure Calcium durch Glühen in Calciumoxyd übergeht, so liegt der Berechnung die Gleichung zugrunde:

Mol.-Gew. CaO : Mol.-Gew. Oxalsäure = gef. CaO : x.
56,07 $C_2H_2O_4 + 2H_2O = 126$

Die übrigen Berechnungen geschehen wie bei den Beispielen 1 und 2.

Organische Elementaranalyse. Die quantitative Bestimmung der eine organische Verbindung zusammensetzenden Elemente geschieht, wenn nur Kohlenstoff, Wasserstoff und Sauerstoff vorhanden ist, in einer einzigen Operation, indem die betreffende Substanz in einer mit einem Oxydationsmittel (Kupferoxyd, chromsaures Blei) beschickten Röhre verbrannt und die bei der Verbrennung aus dem Kohlenstoff auftretende Kohlensäure und das aus dem Wasserstoff auftretende Wasser je für sich aufgefangen wird; der Stickstoff wird besonders, und zwar meist nach der Ausscheidung im gasförmigen Zustande bestimmt; zur Bestimmung der Halogene, des Schwefels und anderer anorganischer Elemente wird die Substanz zuerst einer tiefgehenden Oxydation unterworfen, so daß keine Substanzen mehr zugegen sind, welche die Bestimmung der anorganischen Elemente erschweren oder unmöglich machen. Der Gehalt an Sauerstoff ergibt sich aus der Differenz der auf 100 Teile Substanz berechneten Werte der übrigen Elemente. Durch Division des Prozentgehalts an Kohlenstoff, Wasserstoff, Sauerstoff und der anderen Elemente durch die Atomgewichte der Elemente ergibt sich das Verhältnis, in welchem die Elemente zueinander stehen.

Beispiel. Die prozentige Zusammensetzung der Essigsäure ist 39,9 % C, 6,7 % H, 53,3 % O; hieraus folgt

$$\frac{39,9}{11,91} = 3,35, \quad \frac{6,7}{1} = 6,7, \quad \frac{53,3}{15,88} = 3,35, \quad \text{d. h. } C_1H_2O_1,$$

und es bleibt die Frage offen, ob gerade diese Formel oder ein Mehrfaches derselben die wahre Molekulargröße der Essigsäure ausdrückt. Das ergibt sich durch eine besondere Molekulargewichtsbestimmung.

Feuchtigkeitsbestimmung. Von vielen Substanzen verlangt man, daß ihr Feuchtigkeitsgehalt eine gewisse Grenze nicht überschreitet. Denn im allgemeinen nimmt durch einen höheren Feuchtigkeitsgehalt der Geldwert einer Ware ab und im besonderen wird bei Arzneisubstanzen der Wirkungswert auch verkleinert. Zur Bestimmung des Feuchtigkeitsgehaltes wird in einem tarierten Wägegläschen ungefähr 1 g Substanz abgewogen und bei 100° im Trockenschrank bis zum konstanten Gewicht getrocknet. Die Berechnung auf 100 Teile ergibt sich aus folgendem Beispiel:

1. Abgewogene Substanz, z. B. 1,43 g: gef. Trockenrückstand, z. B. 1,35 g = 100 : x;

$$x = \frac{135}{1,43} = 94,4 .$$

2. 100 – 94,4 = 5,6% Feuchtigkeit.

Bestimmung des Glührückstandes und der Asche.

Unter Glührückstand versteht man den beim Glühen einer Substanz verbleibenden unverbrennlichen Rest. In dieser Beziehung bedeutet Glührückstand dasselbe wie Asche.[1] Die Prüfung auf Glührückstand gibt in erster Linie Auskunft darüber, ob eine anorganische oder organische Substanz vorliegt. Organische Substanzen hinterlassen beim Glühen keinen Rückstand, anorganische mit Ausnahme von sehr wenigen (z. B. Ammonium- und Quecksilbersalzen) immer. Unter den organischen Verbindungen machen eine Ausnahme von der Regel nur die Salze organischer Basen mit nichtflüchtigen Säuren (Phosphorsäure, Borsäure), was ja auch selbstverständlich ist.

Beim Glühen der Metallsalze flüchtiger Säuren, z. B. der salpetersauren Salze, bleiben die Metalle als Oxyde

---

[1] Unter Asche versteht man gewöhnlich den beim Verbrennen von Pflanzen- und Tiersubstanzen entstehenden Rest.

zurück. Da diese nun meist sehr geeignete Verbindungsformen sind, um die Menge eines Metalls in einer Verbindung oder Mischung zu bestimmen, so kann bei gewissen salpetersauren Salzen (z. B. salpetersaurem und basisch-salpetersaurem Wismut) die Bestimmung des Glührückstandes zur Prüfungsmethode für die richtige Zusammensetzung des Salzes werden. Beim Glühen organischsaurer Salze dagegen kann ein Teil des Metalls infolge Reduktion als freies Metall ausgeschieden werden. Dann läßt sich aus der Menge des Glührückstandes auf die richtige Zusammensetzung des Salzes nicht schließen. In solchem Falle wird der Glührückstand durch Befeuchten mit etwas Salpetersäure in salpetersaures Salz übergeführt und nochmals geglüht. Der nunmehrige Rückstand wird erst gewogen. Solchen Weg schlägt man ein bei der Gehaltsbestimmung, z. B. der organischsauren Wismutsalze.

In manchen Fällen kommt man zum Ziel, wenn man die organischsauren Metallsalze mit etwas Salpetersäure durchfeuchtet, diese in gelinder Wärme verdunstet und dann den Rückstand glüht, bis alle Kohle verbrannt ist. Der Rückstand ist das Metalloxyd. Die Methode sieht man bei mehreren Eisensalzen in den Arzneibüchern angewendet (milchsaurem Eisen, Eisenchininnitrat, Eisenalbuminat).

Wie die salpetersauren Salze, so liefern auch fast alle kohlensauren Salze (mit Ausnahme derjenigen der Alkalien) beim Glühen Metalloxyde.

In allen diesen Fällen werden 0,5 g der zu untersuchenden Substanz in einem tarierten Porzellantiegel bis zum konstanten Gewichte geglüht, wobei das oben über die vermittelnde Wirkung der Salpetersäure Gesagte berücksichtigt wird. Nach dem Glühen wird der Tiegel sofort in den Exsikkator gestellt und nach dem Erkalten gewogen.[1] Bei Anwesenheit organischer Substanz dürfen

[1] Die Berechnung geschieht auf 100 Teile wie bei der Feuchtigkeitsbestimmung.

Platintiegel nicht verwendet werden, da sie von dem Metall angegriffen werden können.

Handelt es sich darum, bei organischen Präparaten den Glührückstand zu bestimmen, der infolge der Bereitungsweise in kleiner Menge fast immer gefunden wird und fast immer zulässig ist, dann ist wieder zu beachten, daß die Substanz vollständig verbrennt und keine schwarzen Partikel von unverbrannter Kohle vorhanden sind. Wieviel man bei derartigen Feststellungen nimmt, wird durch den Preis der fraglichen Substanz bestimmt; 0,05—0,1 g dürfte in der Regel genügen. Man betrachtet einen Glührückstand von 0,1 % meist als zulässig. Ein unverbrennlicher braunroter Rückstand deutet in der Regel auf Eisen (Eisenoxyd). Unter einem nicht wägbaren Rückstand versteht man einen solchen, der kleiner als 1 mg ist (Deutsches Arzneibuch). Will die Verbrennung der Kohle nur sehr schwer gelingen (infolge Graphitbildung), dann führt man sie vorteilhaft statt in einem Porzellantiegel in einem tarierten Porzellanschiffchen und in einem Verbrennungsrohre unter Überleiten eines Sauerstoffstromes aus.

Bei vielen Pflanzenstoffen erblickt man in der Bestimmung des Glührückstandes (der Asche) ein Mittel zu ihrer Wertbestimmung. Man vergegenwärtigt sich dabei allerdings, daß die Pflanzen in den verschiedenen Phasen ihrer Entwicklung und auch an den verschiedenen Standorten verschiedene Mengen von Mineralsubstanzen aufnehmen können; aber im allgemeinen liegen die Schwankungen doch innerhalb enger Grenzen. Weiter ist zu berücksichtigen, daß zur Aschebestimmung von einem Pflanzenteile alles, also nicht abgesiebtes Pulver genommen werden soll, da beim Pulverisieren die aschereichsten Gewebe meist zuerst zerkleinert werden und die Mineralstoffe nicht gleichmäßig über alle Gewebe verbreitet sind; abgesiebtes Pulver könnte somit zu hohe Zahlen geben. An einem zu hohen Aschegehalt wird man auch erkennen können, ob die untersuchten Pflanzen, wenn sie Drogen sind, mit Mineralstoffen beschwert waren.

Die Grundlage der Maßanalyse. Unter allen analytischen Untersuchungsmethoden nehmen die der Maßanalyse eine geradezu herrschende Stellung ein, da sie gestatten, aus der Menge des verbrauchten Reagens die Menge des zu bestimmenden Körpers zu ermitteln; sie hört also gewissermaßen da auf, wo auch die qualitative Analyse aufhört, während die quantitative Gewichtsbestimmung mit der Wage dort erst beginnt. Darum beansprucht die Maßanalyse weit weniger Zeit als die Bestimmung mit der Wage.

Das Wesentliche bei der Maßanalyse ist zunächst, da alles aus den verbrauchten Raummengen berechnet wird, daß die Maßgefäße und die Reagentienlösungen richtige Werte haben. Darum müssen die Reagentienlösungen auf dieselbe Temperatur eingestellt sein, für welche die Maßgefäße ausgemessen sind. Ist also das Maßgefäß wie gewöhnlich für eine Temperatur von 15° ausgemessen, dann darf die Reagentienlösung bei ihrer Bereitung keine Temperatur von z. B. 50° zeigen. Praktisch kommt man hier dahin, daß man kleine Abweichungen, also Temperaturen von 15—20° zuläßt; denn die Ausdehnung der Reagentienflüssigkeit ist für diesen Temperaturunterschied noch genügend gering (etwa 2 ccm für 1 l), um gewöhnlich vernachlässigt werden zu können.

Für den Inhalt der Maßgefäße dient als Urmaß das Liter = 1 kg Wasser von 4° und gemessen bei einer Temperatur von 15°, berechnet auf den luftleeren Raum. Ob bei den Maßgefäßen der Istinhalt wirklich auch dem Sollinhalt gleich ist, ist immer nötig zu prüfen, wenn das Maßgefäß nicht geeicht ist. Es geschieht dieses mit reinem destilliertem Wasser von 15° mittels der Wage entweder durch Eingießen in das tarierte Maßgefäß (bei Meßkolben) oder durch Ausfließenlassen aus dem Maßgefäß in ein tariertes Glas oder durch Vergleich mit genau gemessenen Gefäßen (bei Büretten und Pipetten).

Während die Kontrolle der Büretten und Pipetten sich sehr einfach gestaltet, beansprucht die Kontrolle der Meßkolben noch besondere Berücksichtigungen. Denn da das Kilogramm Wasser von 4° auf den luftleeren Raum bezogen ist, muß sich auch die Kontrolle auf den luftleeren Raum beziehen. Ohne diese Berücksichtigung wird infolge des Auftriebs der Luft das Gewicht des Kolbens mit dem Wasser zu niedrig. Dazu kommt noch die Berücksichtigung der Temperatur der Luft, des Feuchtigkeitsgehaltes derselben, des Barometerstandes sowie des Ausdehnungskoeffizienten des Glases, dieser letztere angenommen zu 0,000027 für 1° und, da die Temperatur des zur Kontrolle dienenden Wassers wohl selten 15° C ist, auch die Berücksichtigung der Temperatur des Wassers Meist genügt die Annahme eines mittleren Barometerstandes von 762 mm und einer mittleren Lufttemperatur von 15° C. Zu dem Gewichte des Wassers, das man mit der Wage findet, wird man also eine Zulage machen müssen, die für das Gewicht des Inhalts eines 1000 ccm-Kolbens bei der Temperatur des Wassers von 15° 1,937 g beträgt und für jedesmal 1° Differenz nach oben oder unten um ungefähr $\pm$ 0,120 g zu- oder abnimmt. Betrug z. B. die Temperatur des Wassers 14°, so wird man den Kolbeninhalt um 1,819 g (statt 1,937) und bei einer Wassertemperatur von 16° um 2,066 g (statt 1,937) zu niedrig finden müssen. Die genauen Berechnungen findet man in den Lehrbüchern über Maßanalyse, z. B. in Treadwells Lehrbuch der analytischen Chemie, Bd. II, 6. Aufl., ferner im Schweizerischen Arzneibuch usw.

Neben den Maßgefäßen, die auf das genannte Urmaß eingestellt sind, sind noch andere im Gebrauch, denen ein anderes Urmaß zugrunde liegt, z. B. der Rauminhalt des Kilogramms Wasser bei einer Temperatur von 17,5° (das sog. Mohrsche Liter). Bei technischen Analysen mag es oft bedeutungslos sein, wenn nach abweichenden Systemen graduierte Gefäße nebeneinander gebraucht werden; aber ein einwandfreies Arbeiten verlangt, daß die Gefäße unter sich und mit dem System übereinstimmen, nach dem die Maßflüssigkeiten bereitet worden sind. An den Maßgefäßen ist meist erkenntlich, welches System ihnen zugrunde liegt. So bedeutet das Zeichen $\frac{15^0}{4^0}$, daß das Gefäß auf Wasser von 4° und gemessen bei 15° (d. h. auf das Normalvolumen) eingestellt ist. Die auf Einguß geeichten Gefäße werden mit dem Buchstaben E, die auf Ausguß geeichten mit dem Buchstaben A gekennzeichnet.

Für die Bereitung der Maßflüssigkeiten gilt als Grundlage das Äquivalentgewicht; darunter versteht man diejenige Menge einer Substanz, welche mit dem Wirkungswerte von 1 g Wasserstoff verglichen werden kann. Das sind die Atomgewichte aller einwertigen Elemente und die Molekulargewichte der einbasischen Säuren und einsäurigen Basen, dann die Atomgewichte der zweiwertigen Elemente und die Molekulargewichte der zweibasischen Säusen und zweisäurigen Basen mit ihrem halben Betrage, ferner die Atomgewichte der dreiwertigen Elemente und die Molekulargewichte der dreibasischen Säuren und dreisäurigen Basen mit ihrem Drittelbetrage. So finden wir: 1 g H = 35,46 g Cl = 36,46 g HCl = 56,1 KOH = $^1/_2 H_2SO_4$ = $^1/_2 BaCl_2$ = $^1/_3 H_3PO_4$ usw. Mit 1 g Wasserstoff sind auch äquivalent 8 g O und mithin diejenige Menge eines Stoffs, welcher bei der Oxydation 8 g O abgibt oder 8 g O aufnimmt; z. B. $^1/_2 H_2O_2$, denn $H_2O_2 = H_2O + O$ (= 2 × 8), ferner $^1/_2 KNO_2$, denn $KNO_2 + O$ (= 2 × 8) = KNO_3, ferner $^1/_4 As_2O_3$, denn $As_2O_3 + 2O$ (= 4 × 8) = As_2O_5.

Zur Bereitung der Maßflüssigkeiten geht man von festen Substanzen aus, welche sich leicht in ganz reinem Zustande darstellen und aufbewahren lassen, z. B. von reiner Soda in der Alkalimetrie, von reinem Silber oder

Chlornatrium bei den Fällungsanalysen mit diesen usw. Diejenigen Maßflüssigkeiten, welche im Liter 1 Äquivalent Substanz in Grammen ausgedrückt gelöst enthalten, nennt man Normallösungen (n-Lösungen, $^1/_1$ n-Lösungen), diejenigen, welche $^1/_{10}$ Äquivalent Substanz in Grammen ausgedrückt, im Liter enthalten, Zehntelnormallösungen ($^n/_{10}$-Lösungen, $^1/_{10}$ n-Lösungen); noch schwächere Lösungen sind die Hundertstelnormallösungen ($^n/_{100}$-Lösungen, $^1/_{100}$ n-Lösungen). Infolge Verdunstung schlägt sich beim Aufbewahren der Maßflüssigkeiten im oberen Flaschenteile Wasserdampf nieder; würde man in diesem Falle von der Maßflüssigkeit abgießen, ohne vorher umzuschütteln, dann würde die entnommene Flüssigkeit zu stark sein und beim späteren Umschütteln der Rest zu schwach. Darum muß es Regel sein, alle Maßflüssigkeiten, über denen sich Wassertropfen niedergeschlagen haben, vor dem Gebrauche umzuschütteln. Das Ablesen der Maßflüssigkeiten geschieht meist derart, daß man dort abliest, wo der untere Teil des Meniskus (d. i. des Oberflächenbogens) mit dem Strich des Maßgefäßes zusammenfällt (Fig. 10). Daß die Maßflüssigkeiten bei derselben Temperatur bereitet sein müssen, für die der Voluminhalt der Maßgefäße gilt, wurde S. 97 gesagt.[1]

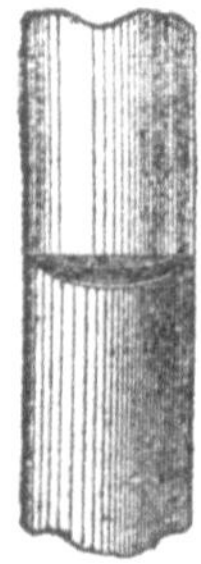

Fig. 10.
Die Oberfläche einer in einer Bürette befindlichen Flüssigkeit.
Bei hellen Flüssigkeiten ist der untere Rand des Meniskus deutlich sichtbar; bei dunklen Flüssigkeiten (Kaliumpermanganatlösung, Jodlösung) dagegen weniger genau. Bei solchen dient zum Ablesen der obere Rand des Meniskus.

[1] Zur Vereinfachung verfährt man vielfach so, daß man die Maßflüssigkeiten annähernd genau anfertigt, dann die Abweichung vom Sollwert feststellt und diese bei jeder Benutzung der Maßflüssigkeit in Anrechnung bringt, z. B. 1000 ccm Maßflüssigkeit = 1003 ccm normal; mithin ist jeder verbrauchte Kubikzentimeter

Das Ende der Reaktion wird durch einen Indikator erkannt; es sind dieses einen Farbenumschlag hervorrufende Stoffe, welche in der Regel der zu titrierenden Flüssigkeit am Anfang zugesetzt werden und mit der Maßflüssigkeit erst in Reaktion treten, wenn die Hauptreaktion beendet ist. So wirkt bei der Alkalimetrie das Phenolphtalein als Indikator erst rötend, wenn sämtliche andere Säure gesättigt ist, und bei der Jodometrie die Stärke erst bläuend, wenn die andere Jod absorbierende Substanz verschwunden ist; bei der Titration der Chloride mit Silbernitratlösung wirkt das Kaliumchromat als Indikator erst, wenn alles Chlorion gefällt ist usw. Nur bei der Oxydationsanalyse mit Kaliumpermanganat bedarf es keines besonderen Indikators, da die Maßflüssigkeit genügend Farbe besitzt und so lange, wie sie oxydierend wirkt, entfärbt wird. Es empfiehlt sich, stets bis zum Eintritt einer Farbe zu titrieren und nicht bis zum Verschwinden derselben. Denn an der Farbe kann man Intensität erkennen, an der Farblosigkeit aber nicht.

In einzelnen Fällen läßt sich der Indikator der zu titrierenden Flüssigkeit nicht zusetzen, wenn er in der Gesamtflüssigkeit nicht scharf genug wirkt; dann prüft man mit dem Indikator einzelne herausgenommene Tropfen der Untersuchungsflüssigkeit, die man auf einen Porzellanteller bringt, und sieht die Titration als beendet an, wenn der Indikator den Farbenumschlag gibt. Man nennt in diesem Falle die Analyse eine Tüpfelanalyse.

Die Analysen werden in der Regel so ausgeführt, daß man eine zu mehreren Bestimmungen genügende Substanzmenge abwiegt, diese zu einem größeren Flüssigkeitsvolumen (etwa 100 ccm) löst und für die einzelne Bestimmung einen aliquoten Teil (z. B. 25 ccm) nimmt. Im übrigen gilt für das Abwiegen der Substanz dasselbe, was S. 91 gesagt worden ist.

mit 1,003 zu multiplizieren. Die Zahl 1,003 nennt man den Faktor.

Von den kleineren Werken über Maßanalyse soll hier nur Röhm, Sammlung Göschen Nr. 221, erwähnt sein.

Nach den Darlegungen über Normallösungen für die Maßanalyse ist kurz noch auf diejenigen Normallösungen zurückzukommen, die als Reagentien bei qualitativen Prüfungen gebraucht werden (S. 82). Aus dem Begriff Normallösung wird ohne weiteres klar, was unter $^1/_{20}$-, $^1/_{50}$-, $^1/_2$-, $^2/_1$- (= doppelt) Normallösung zu verstehen ist. Man bereitet sich gewöhnlich **Normallösungen** aus den Säuren und Basen und aus folgenden Salzen: Natriumacetat, Natriumnitrat, Kaliumnitrat (Äquivalentgewichte = Molekulargewichte), Calciumchlorid, Magnesiumsulfat, Bariumchlorid, Bleiacetat, Merkuronitrat, Kobaltnitrat (Äquivalentgewichte = der Hälfte der Molekulargewichte), Eisenchlorid (Äquivalentgewicht = $^1/_3$ Molekulargewicht); **Doppeltnormallösungen** aus Ammonchlorid (Äquivalentgewicht = Molekulargewicht), Ammonkarbonat, Natriumkarbonat (Äquivalentgewichte = $^1/_2$ Molekulargewichte); **Halbnormallösungen** aus Chlornatrium, Bromnatrium, Jodkalium, Cyankalium, Rhodankalium, Rhodanammonium (Äquivalentgewichte = Molekulargewichte), Ammonoxalat, Zinksulfat, Mangansulfat, Nickelsulfat, Kadmiumsulfat, Kupfersulfat (Äquivalentgewichte = $^1/_2$ Molekulargewichte), Alaun (Äquivalentgewicht = $^1/_3$ Molekulargewicht; **Zehntelnormallösung** aus Silbernitrat (Äquivalentgewicht = Molekulargewicht). Demnach enthält eine Magnesiumsulfatlösung 123 g Magnesiumsulfat, eine Ammonoxalatlösung 35,5 g, eine Eisenchloridlösung 54,1 g, eine Kupfersulfatlösung 62,4 g, eine Alaunlösung 79,06 g des betreffenden Salzes im Liter gelöst. Selbstverständlich beanspruchen diese Lösungen für qualitative Prüfungen nicht die Genauigkeit wie die Lösungen für die Maßanalyse; darum kommt es auf ein ganz genaues Abwiegen und ein Einhalten der Temperatur hier gar nicht an.

Die Indikatoren in der Alkalimetrie. Die in der

Alkalimetrie gebräuchlichen Indikatoren sind schwache Säuren oder schwache Basen. Der Indikator reagiert also wie irgendeine andere Säure oder Base auf sein Gegenteil (Base oder Säure), wobei aber ein Farbenumschlag eintritt. Die nähere Erklärung für diese Erscheinungen gibt die Theorie der Säuren, Basen und Salze.

Man nimmt an, daß die Säuren, Basen und Salze in **wässeriger Lösung** in einen elektropositiven Anteil, das Kation, und in einen elektronegativen Anteil, das Anion, gespalten (dissoziiert) sind. Der elektropositive Anteil ist in den Säuren der Wasserstoff, in den Basen und den Salzen das Metall, der elektronegative Anteil in den Säuren, Basen und Salzen der mit dem Wasserstoff bzw. Metall verbundene Rest, z. B. OH, Cl, SO_4, NO_3. Auch das Wasser ist in Spuren in die Ionen H und OH dissoziiert, da es den elektrischen Strom, wenn auch schwach, so doch meßbar leitet. Durch die (elektropositiven) Wasserstoffkationen der Säuren wird der saure Geschmack und die saure Reaktion, durch die (elektronegativen) Hydroxylanionen der Laugen der laugenhafte Geschmack und die alkalische Reaktion bedingt. Das, was man Stärke der Säuren und Basen nennt, beruht auf der mehr oder minder großen Dissoziation. Je größer diese ist, um so stärker ist die Säure bzw. Base. Nach dem Grade der Dissoziation gehören zu den starken Säuren die Chlorwasserstoffsäure, Schwefelsäure, Salpetersäure; zu den mäßig starken Säuren gehört die Phosphorsäure und schweflige Säure; zu den schwachen Säuren Kohlensäure, Kieselsäure, Borsäure. Zu den starken Basen gehören die Hydroxyde der Alkalien und Erdalkalien, zu den mäßig starken Basen das Ammonium-, Silber- und Magnesiumoxydhydrat, zu den schwachen Basen das Aluminiumoxydhydrat und die meisten Alkaloide.

Was die neutralen Salze betrifft, so sind am stärksten die Salze mit einwertigen Metallkationen dissoziiert, z. B. KCl usw.; auch erfolgt die Dissoziation der Salze leichter als die der Säuren und Basen. Dabei haben verschiedene Säuren die Eigenschaft, im dissoziierten Zustande dem Lösungsmittel eine Farbe zu erteilen; im nichtdissoziierten Zustande fehlt ihnen diese Eigenschaft oder ihre Eigenfarbe ist eine andere. Zu diesen Säuren gehören die Indikatoren Lackmus, Phenolphtalein usw., deren Ionen also gefärbt sind. Die blaue Farbe des Lackmus- und die rote Farbe des Phenolphtaleinfarbstoffs sind ihren Ionen eigentümlich. Setzt man zur blauen alkalischen Lösung des Lackmus oder der roten alkalischen Lösung des Phenolphtaleins freie Säure, so tritt ein Punkt ein, wo die Lackmuslösung rot und die

Phenolphtaleinlösung farblos wird. Alsdann sind die Indikatoren in den nichtdissoziierten Zustand wieder eingetreten.

Die Anwendbarkeit der Indikatoren hängt von dem Grade ihrer Dissoziationsfähigkeit ab. So ist das Phenolphthalein eine sehr schwache Säure und der schwächste von allen Indikatoren; mit Phenolphthalein geben nur starke Basen dissoziierte Salze, also eine rote Färbung, wogegen bei schwachen Basen, wie Ammoniak, nur unvollkommene Salze entstehen und der Übergang unscharf wird. Das Methylorange besitzt sowohl sauren Charakter (zufolge der Sulfosäuregruppe) als basischen (zufolge der Stickstoffgruppe); aber für seine Bedeutung als Indikator ist die basische Natur mehr ausgeprägt als die saure. Darum erfordert es eine starke Säure, um in eine Salzbildung eintreten zu können, während es gegen schwache Säuren (Kohlensäure) ganz unempfindlich ist; es kann somit zur Titration kohlensaurer Alkalien dienen. Beim Methylorange ist die nichtdissoziierte Verbindung gelb, das Ion rot gefärbt.

Von den Indikatoren sollen nur einige besprochen werden.

Jodeosin (Erythrosin, Tetrajodfluorescein). Als Indikator dient eine Lösung von 1 T. Jodeosin in 500 T. Weingeist. Die nicht dissoziierte Verbindung ist orangefarben, das Ion rosarot gefärbt. Der Indikator wird in der Art angewendet, daß man die zu titrierende Flüssigkeit mit einer 1 cm hohen Schicht Äther bedeckt und die Titration in einer Stöpselflasche vornimmt. Nach jedesmaligem Zusatz der Alkalilauge wird kräftig umgeschüttelt. Die Titration ist beendigt, sobald die sonst farblose wässerige Schicht eine deutlich rötliche Färbung angenommen hat. Durch diese Ausführungsart wird der nicht dissoziierte Indikator in der Ätherschicht dauernd behalten, und nur der dissoziierte geht in die wässerige Schicht über. Sonst (d. h. ohne Äther) wären die Übergänge nicht sehr deutlich. Der Indikator ist in der geschilderten Anwendung einer der empfindlichsten. Man wendet ihn mit Vorliebe bei der Titration von Alkaloiden und unter Benutzung von $^1/_{100}$ n-Lösungen an. Die Empfindlichkeit des Indikators verlangt, daß das bei der Titration zu verwendende Wasser vollständig neutral ist.

Darauf wird in folgender Weise geprüft. Übergießt man in einer Flasche aus weißem Glase 100 ccm Wasser mit einer 1 ccm hohen Schicht Äther, fügt 1 Tropfen $^1/_{100}$ n-Salzsäure und 10 Tropfen Jodeosinlösung hinzu, so muß die untere wässerige Schicht nach kräftigem Umschütteln ungefärbt bleiben. Fügt man hierauf der Mischung 2 Tropfen $^1/_{100}$ n-Kalilauge hinzu, so muß die untere wässerige Schicht nach kräftigem Umschütteln blaßrosa gefärbt werden.

Methylorange (Dimethylamidoazobenzolsulfosäure, Helianthin). Angewendet wird entweder eine weingeistige Lösung der freien Sulfosäure 1 : 500 oder eine wässerige Lösung des Natriumsalzes 1 : 500. Über den Farbenumschlag s. vorher. Viele Metallsalze, z. B. Zinksulfat, die gegenüber Lackmus sauer reagieren, verhalten sich gegenüber Methylorange neutral, so daß freie Säuren neben ihnen titriert werden können.

Phenolphtalein. Als Indikator dient eine Lösung von 1 T. Phenolphtalein in 99 T. verdünntem Weingeist (7 T. Weingeist + 3 T. Wasser). Die nicht dissoziierte Verbindung ist farblos, das Ion rot gefärbt. Die Karbonate der Alkalien färben ebenfalls rot, Bikarbonate bringen aber keine Färbung hervor. Da bei der Titration von Karbonaten in der Kälte sich zunächst Bikarbonate bilden, so wird man ein Verschwinden der roten Farbe schon sehen, wenn die Hälfte der notwendigen Säure verbraucht ist und ein Auftreten der roten Farbe wieder, wenn die Flüssigkeit gekocht wird. Darum kann man Karbonate unter Benutzung von Phenolphtalein direkt nicht titrieren. Über das Verhalten gegenüber Ammoniak s. vorher.

Die übrigen Indikatoren. Auch hier sollen nur einige besprochen werden.

Eisenammoniakalaun, eine Lösung von 1 T. Eisenammoniakalaun in einem Gemisch von 8 T. Wasser und 1 T. verdünnter Schwefelsäure. Die Lösung ist bei Bedarf frisch zu bereiten. Der Indikator wird bei der Titration des Silbers mit Rhodanlösung in Gegenwart von

Salpetersäure benutzt. Die entstehende Rotfärbung beruht auf der Bildung von Rhodaneisen.

Kaliumchromatlösung, eine Lösung von 1 T. chlorfreiem, gelbem Kaliumchromat in 19 T. Wasser. Der Indikator wird bei der Titration des Chlorions mit Silberlösung in neutraler Flüssigkeit benutzt. Der entstehende rote Niederschlag ist chromsaures Silber.

Stärkelösung. Bei Bedarf ist lösliche Stärke in 99 T. siedendem Wasser zu lösen. Die Lösung ist vor der Verwendung auf Zimmertemperatur abzukühlen. Ein Gemisch von 5 ccm Stärkelösung und 100 ccm Wasser muß durch 1 Tropfen $^1/_{10}$ n-Jodlösung deutlich blau gefärbt werden. Unter löslicher Stärke versteht man ein Produkt, das aus gewöhnlicher Stärke durch Behandeln mit Schwefelsäure, Natronlauge und andern Agenzien erhalten wird. Der Indikator wird in der Jodometrie verwendet. Die blaue Jodstärke ist eine Lösung von Jod in Stärke. Der Indikator wirkt nur in kalten Flüssigkeiten.

Anwendung der Stöchiometrie in der Maßanalyse.

Da bei den Normallösungen 1 Äquivalent Substanz, in Grammen ausgedrückt, zum Liter gelöst ist, so entspricht 1 ccm dieser Lösungen $\frac{1\ \text{aequ}}{1000}$, 1 ccm $^1/_{10}$-Normallösung $\frac{1\ \text{aequ}}{10000}$ und 1 ccm einer $^1/_{100}$ Normallösung $\frac{1\ \text{aequ}}{100\,000}$ in Grammen ausgedrückt. Wir kommen bei der Alkalimetrie zu folgenden Zahlen für 1 ccm Normallösung:

KOH	0,05611	$Na_2CO_3 + 10H_2O$	0,14308
NaOH	0,04001	HCl	0,03647
NH_3	0,01703	H_2SO_4	0,04904
$Ca(OH)_2$ . . .	0,03705	$C_2H_4O_2$ (Essigsäure)	0,06003
Na_2CO_3 . . .	0,053		

usw.

Bei den Fällungsanalysen mit Zehntelnormalsilberlösungen entspricht 1 ccm

HCl	0,003647	NaJ . . .	0,014992
KCl	0,00746	Ag	0,01079
NaCl	0,005846	$AgNO_3$ . .	0,01699
NaBr	0,01029	HCN . . .	0,005404

Bei der Jodometrie, bei welcher ebenfalls mit $^1/_{10}$ n-Lösungen titriert wird, entspricht 1 ccm

J . . .	0,012692 g
As_2O_3 .	0,004948 g
Cl . . .	0,003546 g
Fe . . .	0,005585 g
H_2O_2 . .	0,0017 g[1]

Die Anwendung dieser Zahlen soll an folgenden Beispielen erläutert werden:

1. Bestimmung des Salzsäuregehaltes. Zum Neutralisieren eines Gemisches von 5 ccm Salzsäure und 25 ccm Wasser müssen 38,3—38,9 ccm Normalkalilauge erforderlich sein, was einem Gehalte von 24,8—25,2 % Chlorwasserstoff entspricht (Deutsches Arzneibuch).

$$38{,}3 \times 0{,}03647 = 1{,}3968; \qquad 38{,}9 \times 0{,}03647 = 1{,}4186.$$

Da das spez. Gewicht der Salzsäure 1,126—1,127 sein soll, so sind 5 ccm = 5,630—5,635 g Salzsäure, woraus sich der Prozentgehalt wie oben ergibt.

2. Bestimmung des Gehaltes an Natriumkarbonat in der kristallisierten Soda $Na_2CO_3 . 10 H_2O$. Zum Neutralisieren einer Lösung von 2 g Natriumkarbonat in 50 ccm Wasser müssen mindestens 14 ccm Normalsalzsäure erforderlich sein, was einem Mindestgehalte von 37,1 % Natriumkarbonat entspricht (Deutsches Arzneibuch).

$$14 \times 0{,}053 = 0{,}742,$$

woraus sich der Mindestgehalt wie oben ergibt.

---

[1] Der Gehalt des Wasserstoffsuperoxyds wird manchmal nach Volumprozenten ausgedrückt. Man versteht darunter das Volumen Sauerstoff, welches aus 1 Volumen Wasserstoffsuperoxyd in Freiheit gesetzt werden kann. 3 Gewichtsprozente = 10 Volumprozente.

3. Bestimmung der Blausäure im Bittermandelwasser (Aqua Amygdalarum amararum). 25 ccm Bittermandelwasser mit 100 ccm Wasser verdünnt und mit 2 ccm Jodkaliumlösung (s. Reagentien) und 1 ccm Ammoniakflüssigkeit (zur Bindung der Cyanwasserstoffsäure) versetzt, müssen bis zum Eintritt einer bleibenden Trübung 4,5—4,8 ccm $^1/_{10}$ n-Silberlösung verbrauchen, was einem Gehalt von 0,099—0,107 % Cyanwasserstoff entspricht (Deutsches Arzneibuch).

$$4,5 \times 0,005404 = 0,024318; \quad 4,8 \times 0,005404 = 0,0259392.$$

Da das spez. Gewicht des Bittermandelwassers 0,970—0,980 sein soll, so wiegen 25 ccm 24,25—24,5 g, woraus sich der Prozentgehalt wie oben ergibt. Der Vorgang wird durch folgende Gleichungen ausgedrückt:

a) $HCN + NH_3 = NH_3.HCN$ (Cyanammonium);

b) $NH_3.HCN + AgNO_3 = AgCN$ (Cyansilber) $+ NH_3.HNO_3$ (Ammonnitrat);

c) KJ (Jodkalium als Indikator) $+ AgNO_3 = AgJ$ (Jodsilber, Trübung, Beendigung der Titration) $+ KNO_3$.

4. Bestimmung des Chlorgehalts in Chlorwasser. 25 g Chlorwasser in 10 ccm Jodkaliumlösung eingegossen, müssen zur Bindung des ausgeschiedenen Jods 28,2—35,3 ccm $^1/_{10}$ n-Natriumthiosulfatlösung verbrauchen, was einem Gehalt von 0,4—0,8 % Chlor entspricht (Deutsches Arzneibuch).

$$28,2 \times 0,003546 = 0,0999; \quad 35,3 \times 0,003546 = 0,125.$$

Daraus ergibt sich der Gehalt wie oben. Der Vorgang wird durch folgende Gleichungen ausgedrückt:

a) $2\,Cl + 2\,KJ = 2\,KCl + 2\,J$ (rotbraun);

b) $2\,J + 2\,Na_2S_2O_3$ (Natriumthiosulfat) $= 2\,NaJ + Na_2S_4O_6$ (tetrathionsaures Natrium, farblos).

5. Bestimmung des Eisens in der Eisenchloridlösung (Liquor ferri sesquichlorati). 5 g Eisenchloridlösung werden mit Wasser auf 100 ccm verdünnt. 20 ccm dieser Mischung mit 2 ccm Salzsäure und 2 g Jodkalium versetzt, müssen zur Bindung des ausgeschiedenen Jods 18 ccm $^1/_{10}$ n-Natriumthiosulfatlösung verbrauchen, was einem Gehalt von 10 % Eisen entspricht (Deutsches Arzneibuch).

$$18 \times 0,005585 = 0,1.$$

Diese Eisenmenge ist in 20 ccm Mischung = 1 g Eisenchloridlösung enthalten. Gehalt mithin 10 %. Der Vorgang wird durch folgende Gleichungen ausgedrückt:

a) $2\,FeCl_3 + 2\,KJ = 2\,FeCl_2$ (Eisenchlorür) $+ 2\,KCl + 2\,J$;

b) wie in Beispiel 4, Gleichung b.

Bei den Oxydationsanalysen mit Kaliumpermanganat als Oxydationsmittel verzichtet man wegen der großen Veränderlichkeit der Permanganatlösung auf die Bereitung von normalen Lösungen, sondern begnügt sich mit Lösungen, die nur annähernd in das System passen. Den genauen Wert stellt man mittels Eisen oder Ferroammonsulfat (Mohrschem Salz) fest und kontrolliert ihn damit nach Bedürfnis von Zeit zu Zeit. Alle Oxydationen mit Permanganat lassen sich auf die Hauptgleichung

$$2\,KMnO_4 \text{ (rot)} + 3\,H_2SO_4 = K_2SO_4 + 3\,MnSO_4 \text{ (Mangansulfat, farblos)} + 3\,H_2O + 5\,O$$

zurückführen; was aus dem Sauerstoff wird, ist dann in einer besonderen Gleichung zum Ausdruck zu bringen,

$$\text{z. B.: } 10\,FeSO_4 \text{ (Eisensulfat)} + 5\,H_2SO_4 + 5\,O = 5\,Fe_2(SO_4)_3 \text{ (schwefelsaures Eisenoxyd)} + 5\,H_2O.$$

Die Permanganatlösung bereitet man durch Lösen von 3,000 bis 3,500 g Kaliumpermanganat zu einem Liter, und es soll hier angenommen werden, daß zur Oxydation von 0,1 g Eisen 16 ccm Permanganatlösung verbraucht werden; dann entspricht 1 ccm einer solchen Lösung 0,00625 g Eisen. Mit dieser Menge ist aber äquivalent die Menge irgendeines Stoffes, welche ebensoviel Sauerstoff wie 0,00625 g Eisen zur Oxydation erfordert. Wieviel dieses ist, läßt sich für eine Anzahl von Stoffen aus folgenden Äquivalenten berechnen:

$$\underset{56}{Fe \text{ (Eisen)}} = \underset{86,93}{MnO_2 \text{ (Braunstein)}} =$$

$$\underset{34,0}{H_2O_2 \text{ (Wasserstoffsuperoxyd)}} =$$

$C_2O_4H_2 \cdot 2\,H_2O$ (Oxalsäure) = 126,48

CaC_2O_4 (oxalsaures Calcium) = 128,1

Ca (Calcium) = KNO_2 (salpetrigsaures Kalium)
40,07 85,11

Aus der Hauptgleichung folgt, daß alle Titrationen mit Permanganat in saurer (schwefelsaurer) Lösung ausgeführt werden müssen; man setzt so lange Permanganatlösung hinzu, bis die rote Farbe desselben nicht mehr verschwindet. Nach Bedarf ist die zu titrierende Lösung heiß (z. B. bei Oxalsäure) oder kalt (z. B. bei Eisen). Es diene folgendes Beispiel:

Bestimmung des Calciums durch Vermittlung des Calciumoxalats. Abgewogene Substanz 0,400 g; Titer der Permanganatlösung wie vorher angenommen 1 ccm = 0,00625 g Eisen, mithin = 0,00447 Calcium (nach der Gleichung 56 : 40,07 = 0,00625 : x); Verbrauch an Permanganat 30 ccm; mithin 30 × 0,00447 = 0,1341 Calcium; mithin 0,400 (Substanz) : 0,1341 = 100 : x (= 33,3 %). Die Oxydation wird durch die Gleichung ausgedrückt:

$$CaC_2O_4 + O + H_2SO_4 = CaSO_4 + 2\,CO_2 + H_2O.$$

Maßanalytische Bestimmung des Prozentgehaltes auf direktem Wege. Da 100 ccm einer Normallösung $^1/_{10}$ Äquivalent entsprechen, so geben die verbrauchten Kubikzentimeter direkt den Prozentgehalt an, wenn man von der zu bestimmenden Substanz diejenige Gewichtsmenge zur Titration bringt, welche $^1/_{10}$ Äquivalent entspricht. Hierzu folgendes Beispiel:

Das Äquivalentgewicht der Schwefelsäure ist 49,04. Somit werden 49,04 g Schwefelsäure behufs Feststellung ihres Prozentgehaltes mit Wasser auf das Gesamtvolumen von 1000 ccm verdünnt. Wenn 100 ccm dieser Lösung 95 ccm Normalkalilauge erfordern, dann ist der Gehalt 95 %.

Die Grundlage der quantitativen Gasanalyse. Bei Gasanalysen erfolgt die Feststellung der Menge des zur Untersuchung kommenden Objektes und der gefundenen Einzelbestandteile in der Regel durch Messung nach Kubikzentimetern. Darum kommt bei diesen Untersuchungen alles in die Berechnung, was sich auf das Verhalten der Gase bezieht: der Barometerstand, die Ausdehnung der Gase beim Erwärmen und, wenn die Gase im feuchten Zustand zur Messung kommen, die Tension des Wasserdampfes. Als Normalzustand gilt die Temperatur von 0° und der Luftdruck von 760 mm. Auf diesen Zustand sind die Messungen zu reduzieren. Die Reduktion erfolgt nach der Formel

$$V_0 = \frac{V_t(b - h)}{760\,(1 + 0{,}003665\,t)},$$

wo V_0 das zu suchende reduzierte, V_t das beobachtete Volumen, b der Barometerstand, h die Tension des Wasserdampfes, t die Temperatur und 0,003665 den Ausdehnungskoeffizienten der Gase bedeutet. War das Gas trocken, so kommt h in Wegfall.

Die Formel ergibt sich 1. aus dem Daltonschen (Gay-Lussacschen) Gesetz, wonach die Gase bei gleichen Temperaturen eine gleiche Ausdehnung haben (Ausdehnungskoeffizient 0,003665), 2. aus dem Boyleschen (Mariotteschen Gesetz), nach dem die Volumina der Gase sich umgekehrt verhalten wie die Drucke, die auf ihnen lasten: $p_1 : p_2 = V_2 : V_1$ (p = Druck, v = Volumen). Nach dem ersteren Gesetz folgt aus der Gleichung

$$V_0 : V_t = 1 : (1 + 0{,}003665\,t),$$

daß V_0 gleich ist

$$\frac{V_t}{(1 + 0{,}003665\,t)};$$

aus dem zweiten Gesetz ergibt sich für die Reduktion des

Volumens beim beobachteten Barometerstand auf das Volumen beim Normalstand (760 mm) die Gleichung

$$760 : b = \frac{V_t}{(1 + 0{,}003665\,t)} : x$$

und hieraus

$$x = \frac{V_t \cdot b}{760\,(1 + 0{,}003665\,t)};$$

war das Gas feucht, so ist für b die Differenz $b - h$ einzusetzen.[1]

Wegen der Größe der Tension des Wasserdampfes, die dem Atmosphärendruck entgegenwirkt, muß auf ausführliche Werke verwiesen werden. Es genügt hier nur die Angabe, daß der Unterschied in der Tension zwischen den einzelnen Graden mit zunehmender Temperatur zunimmt. So betragen die Tensionen bei

10°	9,165 mm	Differenz 0,627 mm
11°	9,792 „	
14°	11,908 „	„ 0,791 „
15°	12,699 „	
19°	16,346 „	„ 1,045 „
20°	17,391 „	
24°	22,184 „	„ 1,366 „
25°	23,550 „	

Die Untersuchung beruht darauf, gewisse Gase, die von gewissen Stoffen absorbiert werden, durch diese absorbieren[2] zu lassen, teils aber auch darauf, brennbare

[1] War das Gas über Quecksilber in einer Röhre (Eudiometer) abgesperrt, so ist vom Barometerstande auch der Höhenunterschied zwischen der Quecksilbersäule in der Röhre und dem äußeren Quecksilberniveau abzuziehen.

[2] Die Absorption ist nicht zu verwechseln mit der Adsorption. Was man unter letzterer versteht, ist S. 65 ausgesprochen. Unter Absorption versteht man den physikalischen oder chemischen Vorgang bei der Lösung und man spricht von Absorption

Gase, z. B. Kohlenwasserstoffe und Wasserstoff, zu verbrennen.

Es werden absorbiert:

1. durch konzentrierte Schwefelsäure: Ammoniak;

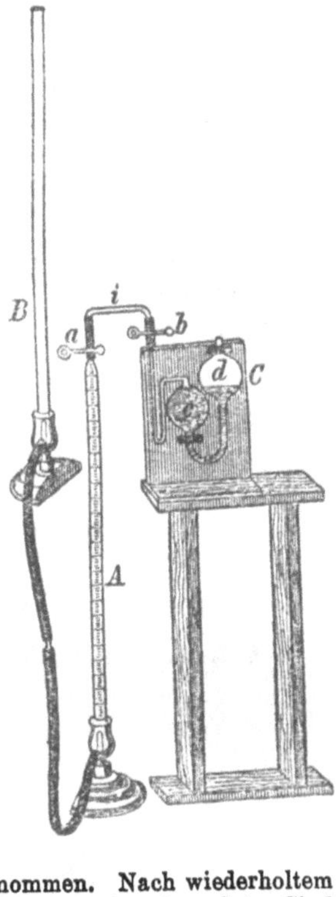

Fig. 11.
Hempelsche Gasbürette mit Absorptionspipette.

Die Gasbürette *A* ist an beiden Enden mit einem Hahn verschließbar (auf der Zeichnung bei *a* ein Quetschhahn); sie ist mittels eines Gummischlauchs mit dem Niveaurohr *B*, in dem sich Wasser befindet, verbunden. Um die Bürette mit Gas zu füllen, wird bei geöffneten Hähnen das Niveaurohr hoch gehalten, so daß das Wasser in die Bürette aufsteigt. Darauf wird *a* mit dem gashaltigen Gefäße verbunden; senkt man jetzt das Niveaurohr, dann wird durch den Hahn *a* das Gas in die Bürette eingesaugt. Nachdem *a* wieder geschlossen, bringt man die Flüssigkeiten in den Röhren *A* und *B* durch Heben von *B* in gleiche Höhe und liest das Volumen des Gases an der Kalibrierung der Bürette ab. Nun wird *a* mit der Gaspipette, die die Absorptionsflüssigkeit enthält, verbunden und durch Heben von *B* das Gas bei geöffnetem Hahn *a* in die Pipette getrieben, wo das zu absorbierende Gas aufgefangen wird. Durch Senken von *B* wird das nicht verbrauchte Gas in *A* wieder zurückgenommen. Nach wiederholtem Heben und Senken von *B* ist die Absorption beendet. Sind mehrere Gase zu absorbieren, so werden mehrere Pipetten mit verschiedenen Absorptionsflüssigkeiten hintereinander geschaltet.

---

von Salzsäuregas durch Wasser, Kohlensäure durch Kalilauge, Feuchtigkeit durch Chlorcalcium usw.

2. durch Kalilauge u. a.: Chlor, Schwefelwasserstoff, Kohlensäure;

3. durch alkalische Pyrogallollösung: Sauerstoff;

4. durch Kupferchlorür in salzsaurer Lösung: Kohlenoxyd.

Für Arsenwasserstoff und Phosphorwasserstoff kann eine Silbernitratlösung benutzt werden. Das Messen der Gase geschieht mit Hilfe von sog. Gasbüretten, die Absorption durch Flüssigkeiten bewerkstelligt man mit Hilfe von sog. Gaspipetten (Fig. 11). Im übrigen muß auf die Fachliteratur (z. B. Hempel, Gasanalytische Methoden) verwiesen werden.

Berichtigung.

S. 8, Z. 11 v. u. lies „1000 ccm" statt „1000 cbm".

Alphabetisches Register.

Metzger & Wittig, Leipzig.

MIX
Papier | Fördert gute Waldnutzung
FSC® C083411

Zeitfracht Medien GmbH
Ferdinand-Jühlke-Straße 7
99095 Erfurt, Deutschland
produktsicherheit@kolibri360.de